国际制造业先进技术译丛

# 铸造缺陷及其对策

日本铸造工学会　编

中国机械工程学会铸造分会　张俊善　尹大伟　译

机械工业出版社

书中叙述铸造缺陷的名称、分类、分析、解说；列举了181种缺陷及其对策实例的宏观、显微、电子显微、电子探针分析图片及文字说明；书末列出了铸造缺陷的英、日、汉名称对照和汉语名称索引。

本书供铸造技术人员使用。

**铸造欠陷とその対策**

编　　者　社团法人　　日本铸造工学会
发 行 者　社团法人　　日本铸造工学会
ISBN 4-9902781-6-x　　c3057
北京市版权局著作权合同登记　图字：01-2008-2201 号。

## 图书在版编目（CIP）数据

铸造缺陷及其对策/日本铸造工学会编，中国机械工程学会铸造分会
张俊善　尹大伟译.—北京：机械工业出版社，2008.8（2022.7 重印）
（国际制造业先进技术译丛）
ISBN 978-7-111-24802-6

Ⅰ. 铸…　Ⅱ.①日…②中…③张…④尹…　Ⅲ. 铸造—工艺　Ⅳ. TG24

中国版本图书馆 CIP 数据核字（2008）第 119011 号

机械工业出版社（北京市百万庄大街22号　邮政编码100037）
策划编辑：邝　鸥　责任编辑：郑　铉　版式设计：霍永明
责任校对：李汝庚　封面设计：鞠　杨　责任印制：邰　敏
北京盛通商印快线网络科技有限公司印刷
2022 年 7 月第 1 版第 6 次印刷
184mm×260mm · 16 印张 · 1 插页 · 234 千字
标准书号：ISBN 978-7-111-24802-6
定价：88.00 元

# 译丛序言

## 一、制造技术长盛永恒

先进制造技术是 20 世纪 80 年代提出的，它由机械制造技术发展而来，通常可以认为它是将机械、电子、信息、材料、能源和管理等方面的技术，进行交叉、融合和集成，综合应用于产品全生命周期的制造全过程，包括市场需求、产品设计、工艺设计、加工装配、检测、销售、使用、维修、报废处理、回收利用等，以实现优质、敏捷、高效、低耗、清洁生产，快速响应市场的需求。因此，当前的先进制造技术是以产品为中心，以光机电一体化的机械制造技术为主体，以广义制造为手段，具有先进性和时代感。

制造技术是一个永恒的主题，与社会发展密切相关，是设想、概念、科学技术物化的基础和手段，是所有工业的支柱，是国家经济与国防实力的体现，是国家工业化的关键。现代制造技术是当前世界各国研究和发展的主题，特别是在市场经济高度发展的今天，它更占有十分重要的地位。

信息技术的发展并引入到制造技术，使制造技术产生了革命性的变化，出现了制造系统和制造科学。制造系统由物质流、能量流和信息流组成，物质流是本质，能量流是动力，信息流是控制；制造技术与系统论、方法论、信息论、控制论和协同论相结合就形成了新的制造学科。

制造技术的覆盖面极广，涉及到机械、电子、计算机、冶金、建筑、水利、电子、运载、农业以及化学、物理学、材料学、管理科学等领域。各个行业都需要制造业的支持，制造技术既有普遍性、基础性的一面，又有特殊性、专业性的一面，制造技术具有共性，又有个性。

我国的制造业涉及以下三方面的领域：

- 机械、电子制造业，包括机床、专用设备、交通运输工具、机械设备、电子通信设备、仪器等。
- 资源加工工业，包括石油化工、化学纤维、橡胶、塑料等。
- 轻纺工业，包括服装、纺织、皮革、印刷等。

目前世界先进制造技术沿着全球化、绿色化、高技术化、信息化、个性化和服务化、集群化六个方向发展，在加工技术上主要有超精密加工技术、纳米加工技术、数控加工技术、极限加工技术、绿色加工技术等，在制造模式上主要有自动化、集成化、柔性化、敏捷化、虚拟化、网络化、智能化、协作化和绿色化等。

## 二、图书交流渊源流长

近年来，国际间的交流与合作对制造业领域的发展、技术进步及重大关键技术的突破起到了积极的促进作用，制造业科技人员需要及时了解国外相关技术领域的最新发展状况、成果取得情况及先进技术应用情况等。

必须看到，我国制造业与工业发达国家相比，仍存在较大差距。因此必须加强原始创新，在实践中继承和创新，学习国外的先进制造技术和经验，引进消化吸收创新，提高自主创新能力，形成自己的创新体系。

国家、地区间的学术、技术交流已有很长的历史，可以追溯到唐朝甚至更远一些，唐玄奘去印度取经可以说是一次典型的图书交流佳话。图书资料是一种传统、永恒、有效的学术、技术交流方式，早在20世纪初期，我国清代学者严复就翻译了英国学者赫胥黎所著的《天演论》，其后学者周建人翻译了英国学者达尔文所著的《物种起源》，对我国自然科学的发展起到了很大的推动作用。

图书是一种信息载体，图书是一个海洋，虽然现在已有网络、光盘、计算机等信息传输和储存手段，但图书更具有广泛性、适应性、系统性、持久性和经济性，看书总比在计算机上看资料要方便、习惯，不同层次的要求可以参考不同层次的图书，不同职业的人员可以参考不同类型的技术图书，同时它具有比较长期的参考价值和收藏价值。当然，技术图书的交流具有时间上的滞后性，不够及时，翻译的质量也是个关键问题，需要及时、快速、高质量的出版工作支持。

机械工业出版社希望能够在先进制造技术的引进、消化、吸收、创新方面为广大读者作出贡献，为我国的制造业科技人员引进、纳新国外先进制造技术的出版资源，翻译出版国际上优秀的制造业先进技术著作，从而能够提升我国制造业的自主创新能力，引导和推进科研与实践水平的不断进步。

### 三、选译严谨质高面广

1）精品重点高质　本套丛书作为我社的精品重点书，在内容、编辑、装帧设计等方面追求高质量，力求为读者奉献一套高品质的丛书。

2）专家选译把关　本套丛书的选书、翻译工作均由国内相关专业的专家、教授、工程技术人员承担，充分保证了内容的先进性、适用性和翻译质量。

3）引纳地区广泛　主要从制造业比较发达的国家引进一系列先进制造技术图书，组成一套"国际制造业先进技术译丛"。当然其他国家的优秀制造科技图书也在选择之内。

4）内容先进丰富　在内容上应具有先进性、经典性、广泛性，应能代表相关专业的技术前沿，对生产实践有较强的指导、借鉴作用。本套丛书尽量涵盖制造业各行业，例如机械、材料、能源等，既包括对传统技术的改进，又包括新的设计方法、制造工艺等技术。

5）读者层次面广　面对的读者对象主要是制造业企业、科研院所的专家、研究人员和工程技术人员，高等院校的教师和学生，可以按照不同层次和水平要求各取所需。

### 四、衷心感谢不吝指教

首先要感谢许多积极热心支持出版"国际制造业先进技术译丛"的专家学者，积极推荐国外相关优秀图书，仔细评审外文原版书，推荐评审和翻译的知名专家，特别要感谢承担翻译工作的译者，对各位专家学者所付出的辛勤劳动表示深切敬意，同时要感谢国外各家出版社版权工作人员的热心支持。

本套丛书希望能对广大读者的工作提供切实的帮助，欢迎广大读者不吝指教，提出宝贵意见和建议。

机械工业出版社

# 原版书序言

今天日本铸造工学会编辑出版了《铸造缺陷及其对策》。1932 年（昭和 7 年）5 月关东和关西两个铸物恳话会解散后成立了日本铸物协会，2007 年是协会成立 75 周年。本书出版发行是协会成立 75 周年纪念活动的一环。

长期以来国际铸造技术委员会很重视对铸造缺陷的研究。1952 年在法国首次出版了关于铸造缺陷的书籍，1955 年德国翻译出版了该书的德文版。此后德国和法国专家在该书基础上经过修订，编辑出版了《国际铸件缺陷图谱》，而日本铸物协会于 1975 年（昭和 50 年）翻译出版了该书的日文版，并于 1983 年（昭和 58 年）再版，2004 年（平成 16 年）出版了第 3 版。

编辑出版《国际铸件缺陷图谱》的主要目的是国际上对铸造缺陷进行统一命名和分类。与此不同，这次本学会编辑出版《铸造缺陷及其对策》的目的是探究各种铸造缺陷产生的原因及其对策，其内容在国内外没有先例，而且在探究缺陷产生的原因中，利用了 X 射线衍射、扫描电子显微镜（SEM）和电子探针（EPMA）等先进的材料测试仪器，进行了科学的分析和解说。铸造缺陷的名称，以《图解铸造用语辞典》中的正式名称为主，兼顾了在铸造现场使用的一些习惯用语和俗称，其目的是使得铸造技术人员应用起来更方便。

铸造缺陷是多种多样的，名称用语也不完全统一，本书编辑过程中对缺陷名称作了整理和统一命名，进一步明确了过去不太确定的缺陷的成因及其对策。

本书将为铸造生产现场、生产技术、设计和研究等方面的人员以及铸件的用户提供宝贵的数据，从而为铸造技术进步和提高铸件质量作出贡献。

为了编辑本书，于平成 17 年（2005 年）5 月在日本铸造工学会企划委员会之下设立了以早稻田大学中江秀雄教授为委员长的《铸造缺陷及其对策》编辑委员会，到平成 18 年（2006 年）12 月为止，召开了 9 次编委会会议，精力充沛地进行了工作，完成了编辑出版。在此，我向各位编委表示深深的谢意，同时希望从事铸造的人们广泛利用本书。

平成 19 年（2007 年）4 月

社团法人　日本铸造工学会　会长　堀江　皓

# 中文版序言

中国是世界第一铸件生产大国。自 2000 年以来，中国铸件产量连续多年位居世界第一，目前中国铸件产量已占全球的三分之一。而随着国家工业化、现代化、城镇化建设的进行，对铸件的需求量仍将继续增加，中国的铸造生产还会有更大的发展空间。在中国向世界铸造强国迈进的过程中，还需要不断地提高铸件生产技术水平，提高铸件的产品质量和附加值；同时，还要大力发展绿色铸造。

消除铸件缺陷，追求零缺陷，对中国这样一个年产 3000 万 t 铸件的铸造大国来说意义重大。消除铸造缺陷，提高产品质量和成品率，就意味着能够降低由缺陷造成铸件报废而重复生产所造成的能源消耗和废弃物的排放，并能够大大降低铸件的生产成本，节约资源。

近年来，中国铸造学会同日本铸造工学会交流频繁。2006 年 9 月，日本铸造工学会副会长木口昭二教授应邀参加了由中国铸造学会组织的第 11 届中国铸造年会，并做了报告，介绍了日本铸造业的发展现状。2007 年 5 月，中国铸造学会派出代表团参加了日本铸造工学会成立 75 周年庆祝活动，郭景杰副理事长应邀做报告，介绍了中国铸造业的发展现状。双方的交往加强了中日两国铸造界的合作交流。而作为双方合作交流的内容之一，日本铸造工学会向中国铸造学会赠送了《铸造缺陷及其对策》一书中文版的出版权和发行权。

以日本早稻田大学中江秀雄教授为首的编辑委员会历经三年完成了《铸造缺陷及其对策》一书的资料收集和编辑工作，在此，对编辑委员会全体成员表示诚挚的敬意。

《铸造缺陷及其对策》一书以图表的形式汇集了近 200 个不同的铸造缺陷分析案例，在每个案例中都对铸造缺陷产生的原因进行了分析，并给出了解决这些铸造缺陷的对策。这些案例将有助于中国铸造工程技术人员在解决生产中遇到的实际问题时学习和借鉴。

本书在翻译过程中，在铸造术语的使用方面，采用的是国家质量技术监督局 1998 年发布的"铸造术语"（GB/T 5611—1998），读者在学习中可参考对照。

在《铸造缺陷及其对策》一书的引进过程中，得到了日本铸造工学会前会长堀江　皓先生、事务局长细田清彦先生的大力支持；中国铸造学会苏仕方秘书长等做了积极的联系和沟通工作；大连理工大学张俊善教授、中国铸造学会尹大伟理事对全书进行了认真仔细的翻译。中国铸造学会编译出版委员会为本书的引进、编辑、出版做了大量工作。在此，向在为本书的引进、翻译、编辑和出版等工作中做出努力的同仁们表示衷心感谢。

希望该书中文版的出版发行，能为中国的铸造企业提供有价值的技术解决方案，并使企业从中受益，在中国向铸造强国的发展进程中发挥作用。

愿中日两国铸造界的交流与合作更进一步地发展下去，不断丰富交流与合作内容。

感谢日本铸造工学会将《铸造缺陷及其对策》一书中文版的出版和发行权赠送给中国铸造学会。

中国铸造学会理事长　李荣德

# 目　录

## 1. 前言

对于从事铸造生产的人来说，铸造缺陷是无法回避而又必须解决的最大课题。为了降低铸造成本和扩大铸件的应用范围，消除铸造缺陷是极其重要的一环。如果能做到铸造零缺陷，将对提高铸件的可靠性和降低成本起到不可估量的作用。

迄今已出版了不少有关铸造缺陷的书籍，如《铸造缺陷的原因及对策》[一]、《可锻铸铁的缺陷、原因及对策》[二]等。在国际上，为了统一缺陷的名称和分类，出版了《国际铸件缺陷图谱》[三]。但是，探究缺陷发生的根本原因，网罗全部解决方案的书籍还没有出现。

《国际铸件缺陷图谱》已经解决了国际上统一缺陷名称和分类的问题，所以本书的目的不在于缺陷用语的分类和统一。本书的目的在于通俗易懂地解说各种铸造缺陷，帮助现场的铸造技术人员判明他所遇到的缺陷属于何种类型的缺陷，并准确地找出缺陷产生的原因及解决方案。为此，本书在缺陷分类上考虑了现场技术人员的需要。同时，本书通过缺陷部位宏观照片、微观组织以及扫描电子显微镜分析，对缺陷产生的主要原因及其对策做了深入浅出的说明。

本书中所用的缺陷名称主要来自《图解铸造用语辞典》[四,五]，同时参考了其他日语[一~三]和英语出版物。有时仅用这些正式名称和用语还难以十分贴切地表示缺陷，所以兼用了一些现场的非正式俗称。在某种意义上本书兼有铸造缺陷辞书的作用，当遇到生疏的缺陷词语时，查阅本书弄清其意义，也是本书的一个重要目的。

在《图解铸造用语辞典》（1995 年版）[四]中"缩孔"一词是用日语假名"ひけ"来表示的，本书中为了避免读者误解，直接用了汉字词汇"引巢"。在可能的情况下，对所有的缺陷名称配用了英语和现场俗称。所以本书还可以在查阅英语文献或与海外联系有关铸造缺陷事宜时提供帮助。另外，近年日本压铸工业协会和铸造工学会编撰了《压铸缺陷实例及其金相组织》，因此本书在压铸件的缺陷方面只记述了代表性缺陷，有关更详细的压铸缺陷可参考上述书籍。

缺陷的英语词汇方面，除了上述各种参考书[一~八]外，还参考了美国铸造学会的一些参考书[九,十]。很多日语和英语的词汇在语意上有微妙差异，而铸造缺陷用语在语意上的差异就更大一些。所以本书中缺陷名称所配用的英语不一定是最贴切的，这一点恳请读者谅解。

本书是为庆祝日本铸造工学会成立 75 周年而出版发行的。自 2004 年 5 月铸造工学会理事会决定编撰本书并成立编辑委员会以来，历经三年的岁月和九次编委会会议，最终完成了本书编撰工作。在此向各位编委表示诚挚的谢意。

---

## 参考书

㊀ 铸物不良の原因と対策（Analysis of Casting Defects, A. F. S. の訳本）：日本铸物協会訳，丸善，（1955）

㊁ 可鍛铸鉄の不良，その原因と対策（Defects of Malleable Iron Castings, A. F. S. ）日本铸物協会可鍛铸鉄部会編，アグネ（1964）

㊂ 国際 铸物欠陥分類図集：国際铸物技術委員会編（1974），千々岩健児，尾崎良平共訳，日本铸物協会（1975）

㊃ 図解铸造用語辞典：日本铸造工学会編，日刊工業新聞社（1995）

㊄ 図解铸物用語辞典：日本铸物協会編，日刊工業新聞社（1973）

㊅ ダイカスト欠陥事例と組織写真：日本ダイカスト工業協同組合（2000）

㊆ ダイカストの铸造欠陥・不良及び対策事例集：日本铸造工学会ダイカスト研究部会編（2000）

㊇ 英独和铸物用語辞典：村井香一編，開発社（1997）

㊈ Cast Irons：J. R. Davis Ed. , ASM Specialty Handbook, ASM International（1996）288

㊉ ASM Handbook, Casting：D. M. Stefanescue Co-ed. , ASM International（1988）546

## 2. 缺陷名称的分类法

在铸造生产现场一般使用惯用俗语"奥夏卡（おしやか）"来表示铸造缺陷。加山的著作《铸件的故事》[一]中有如下的叙述。"在生产现场习惯用'奥夏卡'来表示包括铸件在内的金属制品的制造缺陷。每当出现缺陷时，人们常常无奈地摇着头说：嗨！又是一个'奥夏卡'。关于这个词语的来源至今尚无定论，不过'奥夏卡'一词来自古代铸造佛像时的失败之说最有可信性。当时想铸造出肩上有火焰的所谓背光佛像，但由于金属液温度比较低，没能流到砂型的火焰部位，结果铸造出了平淡无奇的佛像。不过释迦牟尼的肩上倒是没有火焰的。总之，'奥夏卡'意指失败的作品。词语的余音似乎很幽默，但对于从事铸造的人来说却是不希望听到的词语。"

《图解铸造用语辞典》中也有几乎相同的记述。以为"这一点小缺陷别人不会察觉"，对缺陷视而不见是不行的。本书的目的是消灭缺陷，利用迄今为止的生产经验和最新科学分析方法，为根除铸造缺陷作出贡献。

冈田[二]也提到了和"奥夏卡"同类的词语，如"兴奋的坩埚"、"气拔"、"踏风车"等。坩埚用于有色金属的熔化，所以"兴奋的坩埚"表达了金属熔炼成功后的喜悦心情。气拔与铸造的关系还不清楚。"风车"代表古代日本的炼铁术，也就是向炼铁炉送风的脚踏式鼓风机的意思。利用鼓风机转动的惯性，用脚轻松地送风的作业叫做"踏风车"。总之，在日常生活用语中也有不少与铸造有关的词语。

前面已经指出，本书的目的是为铸造工程师找出铸造缺陷（在现场叫"奥夏卡"）的原因和相应的解决方案提供方便。为此，采用了按缺陷的性质分类的方法。例如，尺寸和形状缺陷，外观缺陷（浇不到、错箱、表面缺陷等），缩孔，裂纹，组织缺陷（反白口、球化不足、Al 的变质处理不良等）。为了读者方便，对每一大类缺陷标以 A 到 M 的标号。

在本书编辑过程中，我们努力编入尽可能多的缺陷，但仍有一部分未被列入，而有些尽人皆知的缺陷也没有列入，所以还不能说是包罗万象的，这一点望读者见谅。

本书中铸造缺陷的分类采用了两种并用的方法。一种是按缺陷性质和成因分类：A）尺寸形状缺陷，B）缩孔（起因于凝固收缩），C）气体缺陷（起因于气体的孔），D）裂纹，E）夹杂物，F）外观缺陷，G）型芯缺陷（起因于型芯的缺陷），H）表面缺陷，I）组织缺陷（铸铁、铝合金、铜合金、镁合金、铸钢），J）断口缺陷，K）力学性能缺陷，L）使用性能缺陷，M）其他缺陷。另一种是按材质分类：铸铁分为灰铸铁 FC、球墨铸铁 FCD、可锻铸铁 FCM、蠕墨铸铁 FCV，铸钢 SC、铝合金 Al、铜合金 Cu、镁合金 Mg 和锌合金 Zn。

---

㊀ 加山延太郎：鋳物のおはなし，日本規格協会（1985）216

㊁ 岡田民雄：支部便り，No. 19（社）日本鋳造工学会関東支部（2003，1）

## 3. 缺陷成因的分析方法

调查铸造缺陷的成因，历来是以化学成分分析和显微组织观察为中心展开的。但是到了今天，新的先进测试技术有了巨大发展，其中有扫描电镜（SEM：Scanning type Electron Microscope）、利用电子束进行微区分析的电子探针（EPMA：Electron Probe Micro-Analysis, Electron Probe X-ray Micro-analizer）、X射线衍射、X射线和超声检测等。EPMA还分为能量分析法（EDS（Energy Dispersive Spectroscopy），EDX（Energy Dispersive X-ray Spectroscopy））和波长分析法WDS（Wave length Dispersive Spectroscopy）。前者适用于简便的定性分析，而后者具有优良的定量分析功能，可分析C和N等轻元素。但近年来这一领域技术得到快速发展，现在前者也能分析轻元素，其精度也能满足使用要求，因而受到了广泛应用。

本书大量列举了应用这些新技术分析铸造缺陷的实例，同时对这些新技术的使用方法也作了适当的介绍。这些缺陷分析实例中，采用了宏观与微观组织对比，化学成分、宏观组织和SEM像的对比以及EPMA微区分析等手段，为铸造缺陷的调查和分析引入了新的方法和技术。

## 4. 缺陷实例的内容编辑方式

本书原则上以一种铸造缺陷实例的内容占据一页。为了使内容通俗易懂，一般从缺陷的外观照片入手，分析金相组织，再进行SEM及微区分析，据此讨论缺陷成因及其对策。

## 5. 缺陷名称和分类

| 中文名称 | 英文名称 |
|---|---|

### A）尺寸、形状缺陷

| 中文名称 | 英文名称 |
|---|---|
| 铸造缺陷 | casting defects |
| 尺寸超差 | improper shrinkage allowance |
| 尺寸不合格 | wrong size |
| 模样错误 | excess rapping of pattern, deformed pattern, pattern error |
| 壁厚不均 | different thickness |
| 铸型下垂 | mold sag |
| 错型 | mold shift, shift, miss-match, cross-joint |
| 舂移 | ram off, ram away |
| 塌型 | mold drop, drop off, drop out, drop sticker |
| 上型下沉，沉芯 | sag（上型和型芯下垂导致壁厚减小） |
| 飞翅 | fins, joint flash |
| 翘曲 | warpage, buckling, warping, camber |
| 铸件变形 | warped casting |
| 挤箱 | push up, cramp-off |
| 型裂 | broken mold, cracked |
| 掉砂 | crush of mold, crush |
| 变形 | deformation, casting distortion, warped casting |

### B）缩孔（由凝固收缩引起）

| 中文名称 | 英文名称 |
|---|---|
| 缩孔 | shrinkage, shrinkage cavity |
| 内部缩孔 | internal shrinkage, dispersed shrinkage, blind shrinkage |
| 敞露缩孔 | open shrinkage, external shrinkage, sink marks, depression |
| 缩孔 | shrinkage, shrinkage cavity |
| 缩松 | porosity, shrinkage porosity, leakers, micro shrinkage, dispersed shrinkage |
| 内部缩松 | internal porosity, coarse structure, porous structure |
| 海绵铝（铝合金铸件） | sponge |

5

| | |
|---|---|
| 缩陷 | sink marks, draw, suck-in |
| 芯面缩孔 | core shrinkage |
| 内角缩孔 | corner shrinkage, fillet shrinkage |
| 出汗孔 | extruded bead, exudation |
| 线状缩孔 | fissure like shrinkage |

C) 气体缺陷（由气体引起的孔）

| | |
|---|---|
| 气孔 | blowholes, gas hole, blow |
| 针孔 | pinholes |
| 裂纹状缺陷，线状缺陷 | fissure defects |

D) 裂纹

| | |
|---|---|
| 裂纹 | crack |
| 缩裂 | shrinkage crack |
| 季裂 | season cracking, season crack |
| 应力热裂 | hot cracking, hot tearing, hot tear |
| 淬火裂纹 | quench crack, quenching crack |
| 应力冷裂 | cold cracking, breakage, cold tearing, cold tear |
| 龟裂 | crack |
| 激冷层裂纹，白裂 | chill crack |

E) 夹杂物

| | |
|---|---|
| 夹渣 | slag inclusion, slag blowholes |
| 砂眼 | sand inclusion, raised sand, sand hole |
| 其他夹杂物 | the other inclusion |
| 胀砂 | push up, cramp-off, crush |
| 掉砂 | crush, crush of mold |
| 硬点 | hard spot |
| 浮渣 | dross（浇注后在铸型内形成的缺陷，尤其是石墨、氧化物和硫化物的线状（空间形状为片状）缺陷的总称，另外，浇注过程中被卷进去的缺陷称为夹渣和砂眼，两者的区别是形成原因不同）。 |
| 石墨浮渣 | graphite dross, carbon dross |
| 氧化皮夹渣 | oxide dross, oxide inclusion, skins, seams |
| 硫化物熔渣 | sulfide dross |
| 沉淀物 | sludge |

| | |
|---|---|
| 夹杂物 | sand inclusion, oxide inclusion, skins, seams |
| 黑点，黑渣 | black spots, lustrous carbon |
| 涂料夹渣 | blacking, refractory coating inclusions |
| 光亮碳膜 | lustrous carbon films, kish tracks |

F）外观缺陷

| | |
|---|---|
| 浇不足 | misrun, short run, cold lap, cold shut |
| 冷隔 | cold shut, cold laps |
| 轻度冷隔 | seam |
| 两重皮 | plate |
| 皱皮 | surface fold, gas run, elephant skin, seams, scare, flow marks |
| 漏箱 | run-out, runout, break-out, bleeder |
| 漏芯 | mold drop, stiker |
| 未浇满 | short pours, short run, poured short |
| 气孔 | blowholes, blow |
| 飞翅 | fins, joint flash |
| 胀砂，气疱 | swell, blister |
| 芯撑未熔合 | chaplet shut, insert cold shut, unfused chaplet |
| 热粘砂 | burn in |
| 流痕 | flow marks |
| 内渗豆，冷豆，铁豆 | internal sweating, cold shot, shot iron |
| 外渗物 | sweating |
| 磷化物渗豆 | phosphide sweat |
| 铅渗豆 | lead sweat |
| 锡渗豆 | tin sweat |
| 掉砂 | rat, sticker（型砂的一部分附着在模样上而形成的表面缺陷） |

G）型芯缺陷

| | |
|---|---|
| 砂芯断裂 | crushed core, broken core |
| 砂芯压碎 | broken core |
| 芯面缩孔 | core blow |
| 砂芯下垂 | sag core, deformed core |
| 砂芯弯曲 | deformed core |

| | |
|---|---|
| 漂芯 | shifted core, core raise, raised core, mold element cutoff |
| 反飞翅，芯头飞翅， 内角飞翅 | inverse fins, fillet scab, fillet vein |
| 飞翅片 | fins |
| 舂砂不良，机械粘砂 | dip coast spall, scab |
| 偏芯 | core shift |

H）表面缺陷

| | |
|---|---|
| 粘砂，化学粘砂，热粘砂 | burn on, sand burning, burn in, penetration |
| 粘型（金属型） | fusion |
| 两重皮 | laminations, plat |
| 机械粘砂 | penetration, metal penetration |
| 夹砂结疤 | scabs, expansion scabs, corner scab |
| 表面粗糙 | rough casting, rough surface |
| 鼠尾 | buckle, rat tail |
| 涂料结疤 | blacking scab, wash scabs |
| 烘干不足 | sever surface roughness |
| 熟痕 | surface defect casting by combination of gas and shrinkage （在靠近厚断面处形成下陷的蛇状伤痕） |
| 涂料剥落 | wash erosion |
| 脉纹，脉状鼠尾 | veining, finning, rat tail |
| 气疱 | blister, surface or subsurface blow hole |
| 表面粗糙 | rough surface, seams, scars |
| 起皮 | stripping |
| 剥落结疤 | pull down, spalling scab |
| 伤痕 | crow's feet |
| 麻面 | pitting surface, orange peel, alligator skin |
| 热裂痕 | heat checked die flash |
| 泡疤表面 | surface folds, gas runs |
| 象皮状皱皮 | surface fold, gas run, elephant skin |
| 皱皮 | surface fold, gas run, seams, scare, flow marks |
| 波纹 | wave |
| 冲砂 | wash |
| 冲蚀 | erosion |

| | |
|---|---|
| 冲砂 | cut |

I) 组织缺陷（铸铁）

| | |
|---|---|
| 球化不良 | poor nodularity, degenerated graphite |
| 蠕墨化不良 | degenerated graphite |
| 异常石墨 | abnormal graphite |
| 开花状石墨 | exploded graphite |
| 过冷石墨 | undercooled graphite, D-type graphite |
| 石墨细小颗粒 | chunky graphite |
| 石墨粗大 | kish graphite, kish |
| 整列石墨 | aligned graphite |
| 石墨漂浮 | floated graphite |
| 石墨魏氏组织 | Widmannstatten graphite |
| 麻口 | mottled cast iron, mottle |
| 灰点 | mottle |
| 反麻口 | inverse mottle（与麻口相反，在薄断面处和尖角处形成的麻口） |
| 白口 | chill |
| 反白口 | reverse chill, inverse chill |
| 冷豆 | extruded bead, exudation, internal sweating |
| 退火不足 | miss annealing, incomplete annealing |
| 粗大枝晶组织 | coarsened dendritic structure |
| 反偏析 | inverse segregation |
| 比重偏析 | gravity segregation |
| 溶质偏析 | solute segregation |
| 宏观偏析 | macroscopic segregation |
| 微观偏析 | microscopic segregation |
| 铁素体魏氏组织 | Widmannstatten ferrite, Widmannstatten structure |

J) 断口缺陷

| | |
|---|---|
| 表面铁素体 | ferrite rim |
| 表面珠光体 | pearlite rim |
| 白缘，脱碳 | pearlitic rim, picture frame, pearlite layer |
| 不均匀断口 | heterogeneous fractured surface |
| 破碎激冷层 | scattered chill structure, cold flakes |

| 晶粒粗大 | rough grain |
| 尖钉状断口 | spiky fractured surface |
| 冰糖状断口 | rock candy fracture surface |

K）力学性能缺陷

| 硬点 | hard spot（对铸铁，硬点是硬区、白口或冷豆等力学性能缺陷的总称；对铝合金，硬点是铸件内各种高硬度相，如初晶 Si 相、金属间化合物、氧化物，偏析等的总称） |
| 硬度不良 | poor hardness, too high or low hardness |

L）使用性能缺陷

| 耐蚀性不良 | poor corrosion resistance |
| 切削性能不良 | poor machinability |
| 麻点 | torn surface |
| 锌晶间腐蚀 | zinc intergranular corrosion |
| 电导率不良 | poor electrical conductivity |

M）其他缺陷

**铸件后处理及加工缺陷**

| 残留飞翅 | residual fin |
| 残留黑皮 | residual black skin |
| 浇道冒口断口缺肉 | broken casting at gate, riser or vent |
| 端部缺肉 | insid cut |
| 切口缺肉（压铸件） | inside cut |
| 翘曲（喷丸引起） | camber, excessive cleaning |
| 铸件弯曲（铸件变形） | warped casting, casting distortion, deformed mold, mold creep |
| 打磨缺肉 | crow's feet |

**铸造管理缺陷**

| 裂纹 | crack |
| 压痕 | impression |

**残留物**

| 型砂残留 | sand inclusions |
| 喷丸粒残留 | residual shot |
| 锌蒸气向炉壁渗透 | zinc infiltration into refractory |

# 6. 铸造缺陷及其对策实例

## A）尺寸、形状缺陷

| | |
|---|---|
| 缺陷名称 | A—01—FC）壁厚不均（different thickness） |
| 产品名称 | 汽车零件 |
| 铸造法 | 湿型铸造 |
| 材质和热处理 | 灰铸铁，FC200，铸态 |
| 铸件质量 | 1.2kg |
| 缺陷状态 | 砂芯位置偏移导致铸件型腔尺寸正确而壁厚尺寸不符合图样要求 |
| 缺陷位置 | 型腔 |
| 原因（推测） | 1）芯座尺寸大于芯头，芯头与芯座的间隙大<br>2）砂芯倾斜<br>3）浇注时因铁液的浮力使砂芯上浮<br>4）模样或砂芯的尺寸不正确 |
| 对策 | 1）调整芯头与芯座的间隙<br>2）安放砂芯时要保证其不倾斜<br>3）适当调整内浇道的截面积和位置，以减小铁液浮力<br>4）按图样正确制作模样和砂芯 |

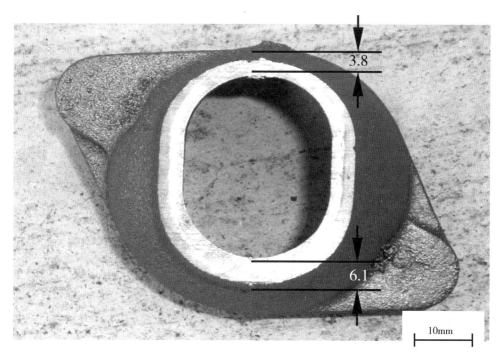

缺陷部位放大

| 缺陷名称 | A—01—FCD）壁厚不均（different thickness） |
|---|---|
| 产品名称 | 汽车零件 |
| 铸造法 | 湿型铸造 |
| 材质和热处理 | 球墨铸铁，D5—S，铸态 |
| 铸件质量 | 3.8kg |
| 缺陷状态 | 砂芯位置偏移导致铸件型腔尺寸正确而壁厚尺寸不符合图样要求 |
| 缺陷位置 | 铸件型腔 |
| 原因（推测） | 1）芯座尺寸大于芯头，芯头与芯座的间隙大<br>2）砂型芯倾斜<br>3）浇注时因铁液的浮力使砂芯上浮<br>4）模样或砂芯的尺寸不正确 |
| 对策 | 1）调整芯头与芯座的间隙<br>2）安放砂芯时要保证其不倾斜<br>3）适当调整内浇道的截面积和位置，以减小铁液浮力<br>4）按图样正确制作模样和砂芯 |

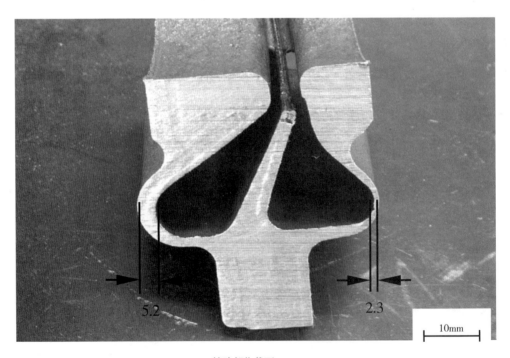

5.2    2.3    10mm

缺陷部位截面

| 缺陷名称 | A—02—FC）掉砂（broken mold, raised core, cracked, mold drop） |
| --- | --- |
| 产品名称 | 汽车零件 |
| 铸造法 | 湿型铸造 |
| 材质和热处理 | 灰铸铁，FC150，铸态 |
| 铸件质量 | 4.7kg |
| 缺陷状态 | 砂型的局部损坏，导致铸件局部多肉 |
| 缺陷位置 | 铸件内角部和突出部 |
| 原因（推测） | 1）起模时砂型突出部位被碰掉<br>2）砂球⊖多，砂型未舂紧<br>3）下芯时碰到砂型，局部受损 |
| 对策 | 1）增加粘结剂的含量，提高砂型的抗拉强度<br>2）除去砂球<br>3）下芯时要十分小心以免碰坏砂型 |

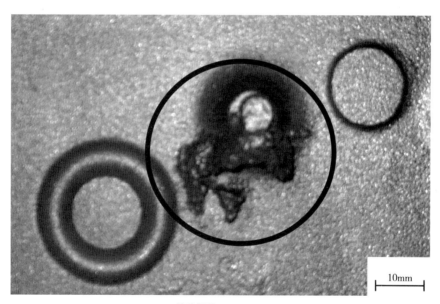

缺陷部位

---

⊖ 砂球：balls，型砂中的硬颗粒，粘结剂和水集中的部位固化，受热固化的型砂颗粒等（図解鋳造用語辞典：日本鋳造工業会编，日刊工業新聞社（1995））

| 缺陷名称 | A—02—FCD）掉砂（broken mold，raised core，cracked，mold drop） |
|---|---|
| 产品名称 | 汽车零件 |
| 铸造法 | 湿型铸造 |
| 材质和热处理 | 球墨铸铁，FCD400，铸态 |
| 铸件质量 | 4.5kg |
| 缺陷状态 | 出现图样中没有的多余形状 |
| 缺陷位置 | 型腔壁紧实度低的部位 |
| 原因（推测） | 1）型腔的局部紧实度低，铁液渗入型壁<br>2）由于金属模样表面附着油污或脱模剂喷涂过多，型壁的砂粘附在金属模样表面 |
| 对策 | 1）改进型砂的特性（抗压强度、压实性、水分、透气性），并进一步提高砂型的紧实度<br>2）使用前仔细检查金属模样表面有无油污 |

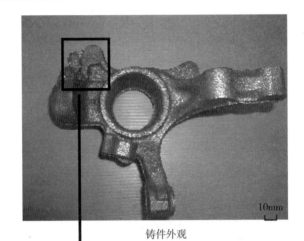

铸件外观

缺陷部位放大

| 缺陷名称 | A—03—Cu）错型（mold shift，shift，miss-match，cross joint） |
|---|---|
| 产品名称 | 泵体 |
| 铸造法 | 湿型铸造 |
| 材质和热处理 | 青铜，CAC406 |
| 铸件质量 | 6kg |
| 缺陷状态 | 铸件在分型面处错开 |
| 缺陷位置 | 分型面 |
| 原因（推测） | 1）模样偏移或合箱不良<br>2）模板中心偏移<br>3）合箱导销松动<br>4）合箱后错箱 |
| 对策 | 1）修正模样偏移<br>2）修正模板中心偏移<br>3）修正合箱导销松动<br>4）提高砂箱的强度 |

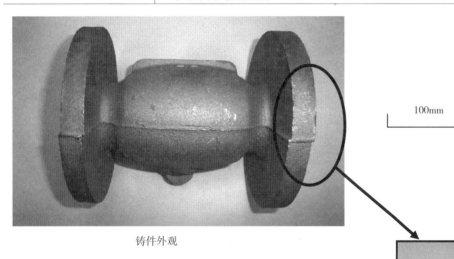

铸件外观

100mm

缺陷部位放大

| 缺陷名称 | A—04）舂移（ram off, ram away） |
|---|---|
| 产品名称 | |
| 铸造法 | |
| 材质和热处理 | |
| 铸件质量 | |
| 缺陷状态 | 在舂砂过程中砂型的局部偏离模样造成的缺陷，与胀砂和错型有些类似 |
| 缺陷位置 | |
| 原因（推测） | 1）模样上未添加防止舂移的棱条<br>2）在利用抛砂机的情况下，模样安放过密<br>3）模版的固定松动和模样在模版上的固定松动<br>4）砂的流动性差<br>5）未考虑紧实方向对铸型的影响 |
| 对策 | 1）模样上设固定装置<br>2）设计时要使模样与模样之间以及模样与浇道之间保持适当距离<br>3）检查模版的固定和模样在模版上的固定状态，确保紧固<br>4）调整砂型的粘结剂、水分、粒度，改善其流动性<br>5）要考虑紧实的方向性 |

舂移照片（紧实不足所造成的）

（米国鋳物協会編・日本鋳物協会訳「鋳物不良の原因と対策」（1955）（丸善株式会社）P128）

| 缺陷名称 | A—05—FCD）胀砂（swell） |
|---|---|
| 产品名称 | 模具顶座 |
| 铸造法 | 消失模铸造 |
| 材质和热处理 | 球墨铸铁，FCD450，铸态 |
| 铸件质量 | 26000kg（2970mm×2910mm×790mm） |
| 缺陷状态 | 铸件的整个上型面上出现凹凸，铸件和铸型之间产生间隙。另外，在靠近上型面的侧面也出现同样的缺陷 |
| 缺陷位置 | 整个上型面及靠近上型面的侧面 |
| 原因（推测） | 1）在共晶凝固过程中析出石墨时铸件体积膨胀，使铸型的型腔面发生位移。下图显示胀砂引起上型外移，导致铸件表面凹凸不平<br>2）砂型的春砂不足<br>3）砂型的高温强度不足<br>4）砂箱的强度不足。 |
| 对策 | 1）要仔细进行砂型的填充和春砂<br>2）改用高温强度较高的呋喃砂型<br>3）将砂型的强度提高到2.5MPa以上<br>4）提高砂箱的强度 |

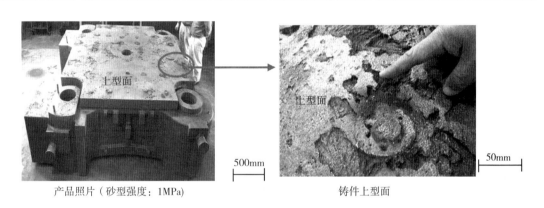

产品照片（砂型强度：1MPa）　　　　　　　铸件上型面

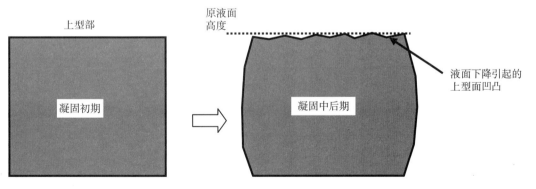

因胀砂引起的缩陷示意图

| 缺陷名称 | A—06—FCD）胀砂（swelling） |
|---|---|
| 产品名称 | 通用机械零件 |
| 铸造法 | 消失模铸造 |
| 材质和热处理 | 球墨铸铁，FCD450，铸态 |
| 铸件质量 | 6000kg（2485mm×2180mm×1375mm） |
| 缺陷状态 | 铸件侧面壁厚增加 |
| 缺陷位置 | 铸件侧面 |
| 原因（推测） | 1）砂型的填充和春砂不良<br>2）砂型的高温强度不足<br>3）砂箱的强度不足 |
| 对策 | 1）要仔细进行砂型的填充和春砂<br>2）改用高温强度较高的呋喃砂型<br>3）提高砂箱的强度 |

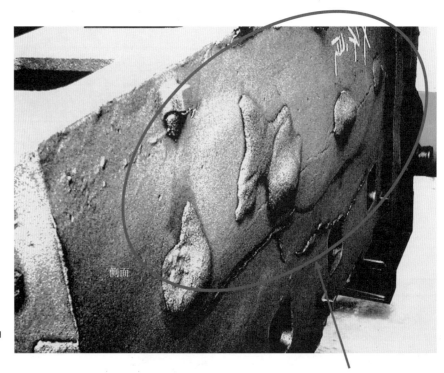

200mm

侧面

砂被胀出的部位

胀砂缺陷（紧实度不足引起）

| 缺陷名称 | A—06—FCM）抬箱（胀砂）(swelling) |
|---|---|
| 产品名称 | 制动毂 |
| 铸造法 | 湿型铸造 |
| 材质和热处理 | 黑心可锻铸铁 |
| 铸件质量 | — |
| 缺陷状态 | 分型面上发生平板状突起。一般在垂直于侧面方向抬起，使铸件的高度方向尺寸增大 |
| 缺陷位置 | 分型面 |
| 原因（推测） | 1）在很高的静压力（浮力）和动压力（铁液冲击力）作用下，上型被抬起，铁液进入上下型间隙<br>2）压铁重力不够<br>3）上下箱夹紧不当<br>4）砂箱的强度不够 |
| 对策 | 1）适当选择压铁重力并可靠地夹紧上下型<br>2）降低直浇道高度<br>3）提高砂箱的强度 |

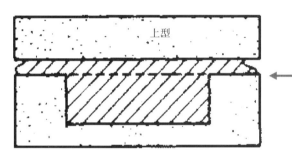

在很强的静压（浮力）和动压（铁液冲击力）作用下上型被抬起，铁液进入上下型间隙，形成抬箱缺陷

抬箱示意图（铁液浮力引起）

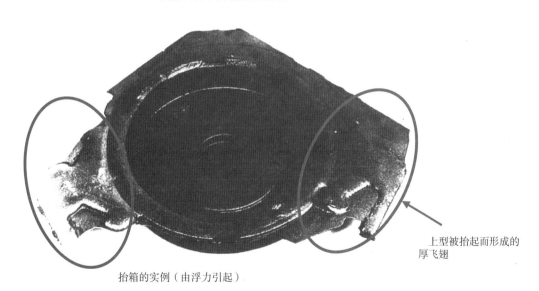

上型被抬起而形成的厚飞翅

抬箱的实例（由浮力引起）

（国际铸物技术委员会编「国際鋳物欠陥分類図集」(1975)（(社）日本鋳物協会）P62)

19

| 缺陷名称 | A—07—FCD）错型（mold shift，shift，miss match，cross joint） |
|---|---|
| 产品名称 | 汽车零件 |
| 铸造法 | 湿型铸造 |
| 材质和热处理 | 球墨铸铁，FCD450，铸态 |
| 铸件质量 | 3.2kg |
| 缺陷状态 | 铸件的分型面处发生错位 |
| 缺陷位置 | 分型线 |
| 原因（推测） | 在上型和下型未对准的情况下浇注而形成的缺陷<br>1）砂型的设计和制作过程有问题<br>2）造型机或合箱时所用的销钉磨损<br>3）合箱后上下箱因外力作用而发生相对位移 |
| 对策 | 1）改用不发生错箱的砂型设计<br>2）经常检查定位销和套的磨损情况，并进行严格的管理<br>3）采取措施防止砂型搬运过程中的碰撞 |

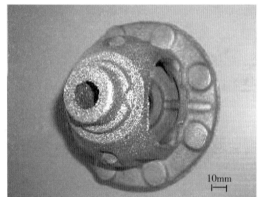

铸件外观

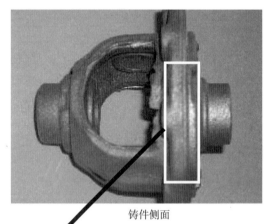

铸件侧面

错型处

缺陷部位放大

| 缺陷名称 | A—08—FC）塌型（mold drop，drop off，drop out，sticker，drop） |
|---|---|
| 产品名称 | 汽车零件 |
| 铸造法 | 湿型铸造 |
| 材质和热处理 | 灰铸铁，FC200，铸态 |
| 铸件质量 | 8.8kg |
| 缺陷状态 | 型壁的凸出部脱落，使铸件凹部的一部分甚至全部被金属填充 |
| 缺陷位置 | 铸件凹部的一部分或全部 |
| 原因（推测） | 1）起模时碰坏砂型凸起部<br>2）起模方向不垂直而碰坏砂型凸起部<br>3）砂箱搬运中受冲击<br>4）造型时砂的紧实度不够<br>5）造型时压力过大 |
| 对策 | 1）增加粘结剂的含量，提高砂型的强度<br>2）垂直起模<br>3）造型时紧实要均匀<br>4）造型时的压力要适当<br>5）合箱前仔细检查砂型<br>6）减少砂箱搬运中的冲击和振动 |

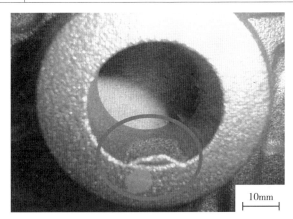

10mm

例1：缺陷部位放大

50mm

例2：铸件缺陷部

| 缺陷名称 | A—08—FCD）塌型（mold drop, drop off, drop out, sticker, drop） |
|---|---|
| 产品名称 | 汽车零件 |
| 铸造法 | 湿型铸造 |
| 材质和热处理 | 球墨铸铁，FCD400，铸态 |
| 铸件质量 | 4.3kg |
| 缺陷状态 | 铸件上形成多余的肉 |
| 缺陷位置 | 1）起模斜度小的部位<br>2）狭窄的岛状部位 |
| 原因（推测） | 起模时局部型砂脱落，浇注后形成多肉，其原因是：<br>1）起模斜度过小<br>2）模样表面粗糙或有划痕<br>3）脱模剂涂布不均匀 |
| 对策 | 1）检查起模斜度是否合适<br>2）严格管理金属模样的表面粗糙度和划痕等缺陷<br>3）检查脱模剂的涂布状况<br>4）改善砂的特性。 |

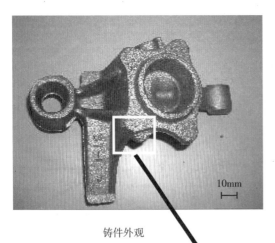

铸件外观

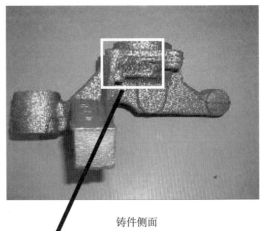

铸件侧面

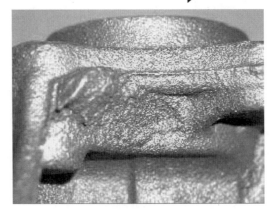

塌型部位放大

| 缺陷名称 | A—08—SC）塌型（mold drop, drop off, drop out, sticker, drop） |
|---|---|
| 产品名称 | 工程机械零件 |
| 铸造法 | 湿型铸造 |
| 材质和热处理 | SCMn2，正火＋回火 |
| 铸件质量 | 164kg |
| 缺陷状态 | 冒口易割片下落，引起铸件表面下陷 |
| 缺陷位置 | 铸件厚断面处所设的冒口根部 |
| 原因（推测） | 1）冒口易割片与砂型间隙大<br>2）冒口易割片的固定不够牢固<br>3）推杆的冲击力太大 |
| 对策 | 1）调整补缩冒口易割片与砂型的间隙<br>2）牢固固定易割片<br>3）减小推杆的速度，降低冲击力 |

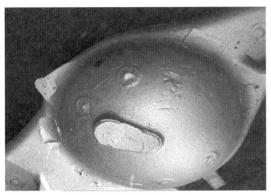

正常铸件

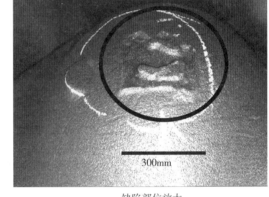

300mm

缺陷部位放大

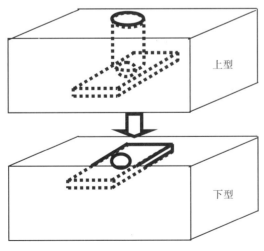

冒口易割片下落示意图

　　为了便于切割冒口，有时在冒口根部做成直径较小的颈部即易割冒口。冒口易割片就是形成冒口缩颈的型芯。如果冒口易割片固定不牢，就会下落，堵塞一部分铁液路径，使铸件壁厚减小（缺肉）

　　缺陷部位放大图中的凸起部分相当于正常铸件的壁厚

23

| 缺陷名称 | A—09—Al）飞翅（fins，joint flash） |
|---|---|
| 产品名称 | 减速器壳体 |
| 铸造法 | 普通压力铸造 |
| 材质和热处理 | 铝合金，ADC12，铸态 |
| 铸件质量 | 3.5kg |
| 缺陷状态 | 铝液从分型面流出而形成飞翅 |
| 缺陷位置 | 分型面 |
| 原因（推测） | 1）压铸模、型芯及推杆等零件的精度低<br>2）压铸模受热变形导致上下模间隙增大<br>3）铝液温度、模具温度、射出速度、铸造压力和可铸面积<sup>⊖</sup>等工艺参数不合适 |
| 对策 | 1）提高压铸模的加工精度<br>2）提高压铸模的硬度<br>3）正确选择合模压力<br>4）调整铸造工艺参数 |

10mm

飞翅的外观

200μm

飞翅截面的显微组织

---

⊖ 根据压铸机的合模压力和射出压力所算出的最大可铸造投影面积（図解鋳造用語辞典：日本鋳造工学会編，日刊工業新聞社（1995））

| 缺陷名称 | A—09—FC）飞翅（fins，jiont flash） |
|---|---|
| 产品名称 | 汽车零件 |
| 铸造法 | 湿型铸造 |
| 材质和热处理 | 灰铸铁，FC200，铸态 |
| 铸件质量 | 5.2kg |
| 缺陷状态 | 铁液渗入芯头与芯座的间隙而形成的缺陷 |
| 缺陷位置 | 芯头与芯座的间隙 |
| 原因（推测） | 1）芯头与芯座的间隙过大<br>2）主型的棱角处掉砂 |
| 对策 | 1）调整芯头与芯座的间隙<br>2）将主型尖角改为圆角<br>3）均匀紧实以防止局部掉砂 |

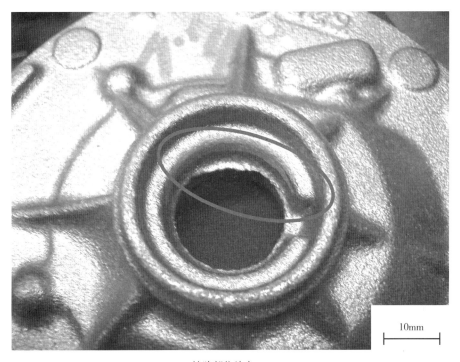

10mm

缺陷部位放大

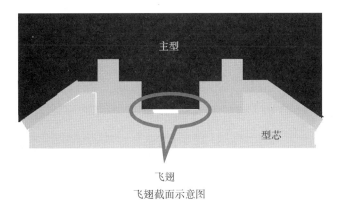

主型

型芯

飞翅

飞翅截面示意图

| | |
|---|---|
| 缺陷名称 | A—10—FC）翘曲（warped，buckling，warping，camber） |
| 产品名称 | 冲模 |
| 铸造法 | 消失模铸造 |
| 材质和热处理 | 灰口铸铁，FC200，铸态 |
| 铸件质量 | 10500kg（4300mm×2240mm×600mm） |
| 缺陷状态 | 整个铸件沿长度方向发生弯曲。形状面一侧冷却时对基准面一侧产生拉伸作用。冷速慢的一侧受压，冷速快的一侧受拉 |
| 缺陷位置 | 整个铸件 |
| 原因（推测） | 铸件的冷却速度不均匀，各部位收缩不同步而产生内应力，在此内应力作用下发生弯曲<br>1）铸件的结构本身导致冷却时各部分产生温度差<br>2）铸件的壁厚差很大<br>3）拆箱时机过早<br>4）局部舂砂不良<br>5）砂箱的强度不足或压铁质量不够 |
| 对策 | 1）预测弯曲量的基础上预设反方向弯曲<br>2）调整铸件中加强肋的尺寸和个数，减小铸件的壁厚差，以降低冷却时的温度差<br>3）提高砂型（和砂箱）的强度，或用铸件质量的7倍的压铁<br>4）舂砂要均匀<br>5）控制上下面的冷却速度，减少铸件中的温度差 |

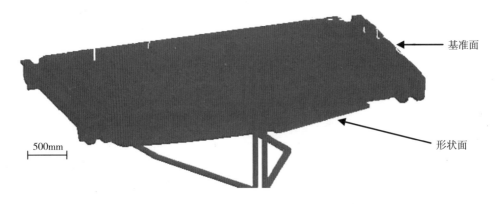

未弯曲的正常状态

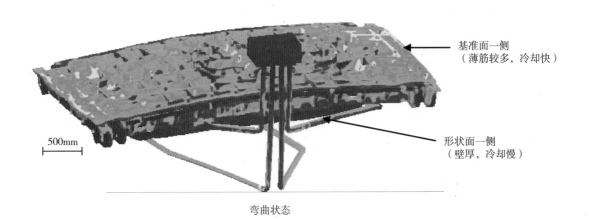

弯曲状态

| | |
|---|---|
| 缺陷名称 | A—11—FCD）挤箱（push up，cramp-off） |
| 产品名称 | 汽车零件 |
| 铸造法 | 湿型铸造 |
| 材质和热处理 | 球墨铸铁，FCD400A |
| 铸件质量 | 4.5kg |
| 缺陷状态 | 砂型局部向内位移导致铸件局部壁厚减小 |
| 缺陷位置 | 分型面附近 |
| 原因（推测） | 因砂型的强度较低或合箱时受到冲击，使分型面发生变形而产生的缺陷，具体原因是：<br>1）造型机不合适<br>2）型砂的性能差<br>3）模版变形<br>4）放置压铁时受冲击 |
| 对策 | 1）注意合箱和放置压铁的速度，减少冲击<br>2）检查并改进型砂的性能（抗压强度、压实性、水分、透气性等）<br>3）检查和调整铸型和模版的尺寸<br>4）搬运砂箱时尽量减少冲击 |

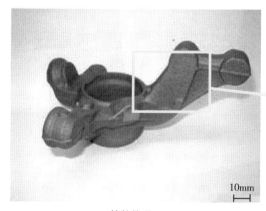

铸件外观

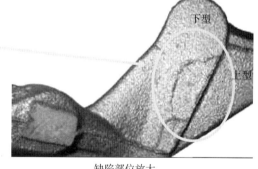

缺陷部位放大

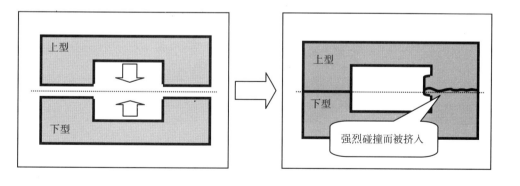

| 缺陷名称 | A—12）型（芯）裂（broken mold, cracked） |
|---|---|
| 产品名称 | |
| 铸造法 | 湿型铸造 |
| 材质和热处理 | |
| 铸件质量 | |
| 缺陷状态 | 不规则形状的较大的凸起，有时杯状铸件的杯口完全堵塞 |
| 缺陷位置 | 细高的杯状铸件 |
| 原因（推测） | 1）砂型的突出部位加固不当<br>2）型砂的抗压强度不够<br>3）浇注时铁液压力过大，冲坏砂型的突出部<br>4）起模不当，破坏杯状凸起的砂型 |
| 对策 | 1）采用正确加固方法<br>2）增加粘结剂的配比，以改善砂型的强度<br>3）调整内浇道的位置，降低铁液流入的压力<br>4）起模时尽量垂直抬起模样或模板 |

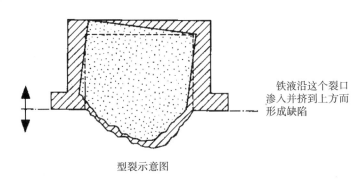

铁液沿这个裂口渗入并挤到上方而形成缺陷

型裂示意图

正常铸件

型裂缺陷
砂型的突出部在起模时开裂，浇注时被抬起而产生的缺陷

（（社）日本铸物协会·国际铸物技术委员会编「国际铸物欠陷分类図集」P78）

28

## B) 缩孔

| 缺陷名称 | B—01—Al) 内部缩孔（internal shrinkage, dispersed shrinkage, blind shrinkage） |
|---|---|
| 产品名称 | 四轮车用汽缸座 |
| 铸造法 | 低压铸造 |
| 材质和热处理 | 铝合金，AC2B，T6 |
| 铸件质量 | 约 15kg |
| 缺陷状态 | 铸件内部出现树枝状空洞，打压时发生渗漏 |
| 缺陷位置 | 铸件内部被型芯和金属型所包围，且离浇道口较远的厚断面部位 |
| 原因（推测） | 凝固的顺序性和方向性不好 |
| 对策 | 为了保证缺陷易发部位的补缩<br>1）加强缺陷易发部位附近金属型的冷却（水冷、风冷等），加速凝固<br>2）在可能的情况下将易发缺陷部作成非铸造结构，减小铸件质量，加强铸件冷却<br>3）减薄缺陷易发部位附近金属型的涂料，加强冷却<br>4）加大液体金属补给路径部位的铸件壁厚，加强液体补给<br>5）减小液体金属补给路径部位金属型的壁厚，提高其保温性，加强补给 |

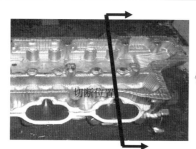

铸件外观

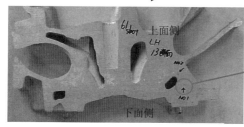

铸件截面

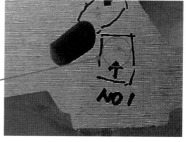

缺陷处

100mm

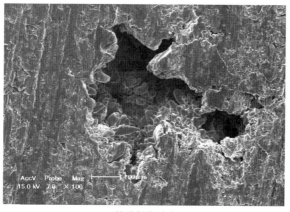

缺陷部位放大

| | |
|---|---|
| 缺陷名称 | B—01—Cu）内部缩孔（internal shrinkage，dispersed shrinkage，blind shrinkage） |
| 产品名称 | 泵类零件 |
| 铸造法 | 湿型铸造 |
| 材质和热处理 | 铸造青铜，CAC406 |
| 铸件质量 | 1.8kg |
| 缺陷状态 | 粗大树枝晶内部形成空洞 |
| 缺陷位置 | 上型中较长时间保持高温（冷速慢）的部位 |
| 原因（推测） | 最后凝固部位的补缩不充分 |
| 对策 | 1）调整铸造工艺（冒口、排气等）<br>2）调整浇注温度 |

10mm

机加工前的铸件

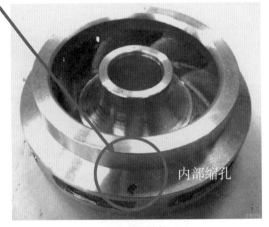

内部缩孔

加工后的铸件

| | |
|---|---|
| 缺陷名称 | B—01—FC) 内部缩孔 (internal shrinkage, dispersed shrinkage, blind shrinkage) |
| 产品名称 | 汽车零件 |
| 铸造法 | 湿型铸造 |
| 材质和热处理 | 灰铸铁，FC300，铸态 |
| 铸件质量 | 9.2kg |
| 缺陷状态 | 在厚断面部位形成空洞 |
| 缺陷位置 | 砂芯所包围的厚断面部位 |
| 原因（推测） | 砂芯的排气不畅，在凝固初期发生 |
| 对策 | 1）通过正确的冒口设计，改善补缩<br>2）控制砂芯的发气量<br>3）提高砂型的透气性<br>4）在厚断面处设置冷铁 |

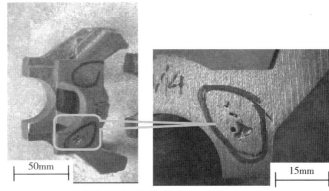

铸件外观及缺陷部位放大

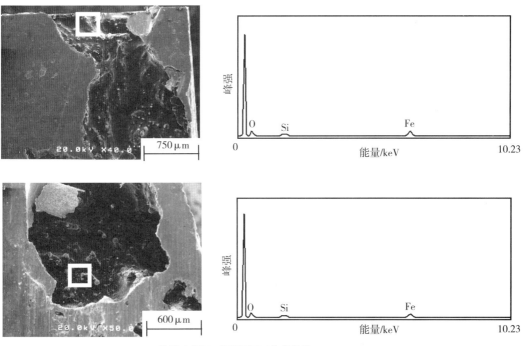

缺陷内部SEM组织及EDS分析结果

| 缺陷名称 | B—01—FCD）内部缩孔（internal shrinkage, dispersed shrinkage, blind shrinkage） |
|---|---|
| 产品名称 | 箱体 |
| 铸造法 | 消失模铸造 |
| 材质和热处理 | 球墨铸铁，FCD600，铸态 |
| 铸件质量 | 800kg |
| 缺陷状态 | 厚断面部位，机械加工110mm后出现空洞 |
| 缺陷位置 | 厚断面处壁厚中部 |
| 原因（推测） | 1）碳当量偏离共晶成分；2）石墨颗粒数少；3）浇注温度高；4）促进缩孔的 P、Al 以及碳化物形成元素（Cr、Mo 等）的含量高；5）砂型和砂箱的强度低；6）铸造方案中未考虑减少缩孔倾向的凝固顺序；7）没有把握铸件形状与缩孔的关系；8）未使用冷铁；9）未开设冒口 |
| 对策 | 1）尽量使铸铁成分接近共晶成分（CEL = C + 0.23Si 接近 4.3）；2）通过孕育处理、和低温浇注等手段增加石墨颗粒的数量；3）降低浇注温度（（1320 ± 20）℃）；4）减少 Al、P、Cr、Mo 等促进缩孔倾向的元素的含量；5）采用高强度砂型和砂箱；6）改进铸造工艺方案，保证减少缩孔的凝固顺序；7）把握铸件形状与缩孔的关系；8）设置冷铁；9）开设冒口；10）利用搅动棒对浇道冒口内的液体进行上下搅动 |

100mm

底面加工后的形貌（加工深度110mm）

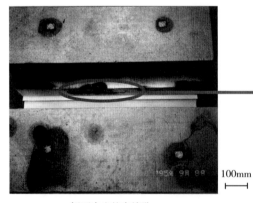

100mm

侧面中央的内缩孔

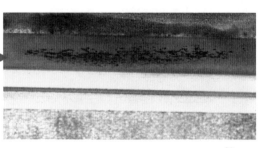

内缩孔部位放大

30mm

| 缺陷名称 | B—01—SC）内部缩孔（internal shrinkage，dispersed shrinkage，blind shrinkage） |
|---|---|
| 产品名称 | 车辆零件 |
| 铸造法 | 湿型铸造 |
| 材质和热处理 | SC450，正火 |
| 铸件质量 | 8kg |
| 缺陷状态 | 铸件表面发生凹陷和空洞 |
| 缺陷位置 | 在厚断面处或壁厚变化大的部位的表面或内部 |
| 原因（推测） | 1）铁液的碳当量不合适<br>2）氢、锌等发气成分过多<br>3）脱氧不充分引起的铁液过冷度大<br>4）砂型和砂箱的强度不足<br>5）结构、模数和热平衡不合适 |
| 对策 | 1）保证适合的碳当量<br>2）减少废镀锌板在炉料中的配比<br>3）增加脱氧剂的用量<br>4）增强砂型和砂箱的强度<br>5）增加冒口和设置冷铁等改进铸造工艺方案 |

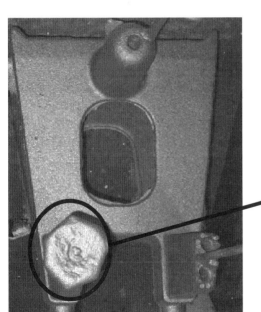

铸件外观

冒口下部缺陷放大

气割冒口后可观察到冒口根部以下发生缺陷。缺陷从冒口根部延伸到铸件内部，由此可以判断该缺陷为凝固时补缩不足而形成的缩孔

| 缺陷名称 | B—02—Cu）敞露缩孔（open shrinkage，external shrinkage，sink marks，depression） |
|---|---|
| 产品名称 | 净水器零件 |
| 铸造法 | 湿型铸造 |
| 材质和热处理 | 青铜铸件，CAC406 |
| 铸件质量 | 2.7kg |
| 缺陷状态 | 在铸件最后凝固部位出现较大的收缩孔，孔的内表面常呈粗大树枝晶，一般比表面凹陷要深，有些在铸件表面开口，有些不开口 |
| 缺陷位置 | 在法兰座附近产生缺陷，因为法兰座的壁很厚 |
| 原因（推测） | 本质上是由于补缩不充分所引起。一般来说，外部气体的引入，大气压以及液体金属中产生的气体都会助长缩孔的形成 |
| 对策 | 1）改进铸造工艺方案<br>2）设置冷铁<br>3）调整浇注温度 |

铸件外观

| 缺陷名称 | B—03—SC）缩孔（shrinkage cavity） |
|---|---|
| 产品名称 | 车辆零件 |
| 铸造法 | 湿型铸造 |
| 材质和热处理 | SC450，退火 |
| 铸件质量 | 17kg |
| 缺陷状态 | 铸件表面产生凹陷或空洞 |
| 缺陷位置 | 在厚断面处或壁厚变化大的部位的表面或内部发生 |
| 原因（推测） | 1）铁液的碳当量不适当<br>2）氢、锌等发气成分过多<br>3）脱氧不充分引起铁液过冷度大<br>4）砂型和砂箱的强度不足<br>5）结构、模数和热平衡不合适 |
| 对策 | 6）保证合适的碳当量<br>7）减少镀锌板在炉料中的配比<br>8）增加脱氧剂的用量<br>9）增强砂型和砂箱的强度<br>10）增加冒口和设置冷铁等改进铸造方案 |

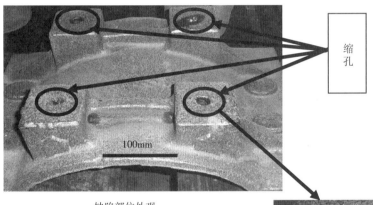

缩孔

100mm

缺陷部位外观

缺陷部位放大

图中4个缺陷部位上方均设有冒口，当铁液未充满冒口的顶部时就会发生缺陷，说明缺陷是由于冒口的补缩作用不充分所引起的

| 缺陷名称 | B—04—Cu) 缩松（porosity, shrinkage porosity, leakers, micro shrinkage, dispersed shrinkage） |
|---|---|
| 产品名称 | 联轴器 |
| 铸造法 | 湿型铸造 |
| 材质和热处理 | 青铜，CAC406 |
| 铸件质量 | 0.4kg |
| 缺陷状态 | 铸件最后凝固部位呈粗大树枝晶 |
| 缺陷位置 | 偏厚（或厚断面）部位 |
| 原因（推测） | 1）除气不充分<br>2）浇注温度过高<br>3）砂型的透气性差 |
| 对策 | 1）充分除气<br>2）降低浇注温度<br>3）采用不产生热节的铸造工艺方案<br>4）开设排气孔 |

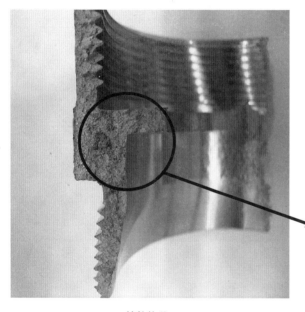

铸件外观

10mm

缺陷部位放大

| 缺陷名称 | B—04—FCD）缩松（porosity，shrinkage porosity，micro shrinkage，dispersed shrinkage） |
|---|---|
| 产品名称 | 箱体 |
| 铸造法 | 消失模铸造 |
| 材质和热处理 | 球墨铸铁，FCD600，铸态 |
| 铸件质量 | 800kg（750mm×600mm×500mm） |
| 缺陷状态 | 上型面的中部出现凹状空洞 |
| 缺陷位置 | 上型厚断面处表面 |
| 原因（推测） | 1）凝固时厚断面处体积收缩未能得到充分的补缩，未凝固表面下陷而形成凹状空洞<br>2）浇注温度高，液体收缩大<br>3）碳当量低，石墨膨胀量小 |
| 对策 | 1）避免严重的壁厚差<br>2）降低浇注温度（（1320±20）℃）<br>3）尽量使铁液成分接近共晶成分（使 CEL = C + 0.23Si 接近 4.3）<br>4）增加石墨颗粒数<br>5）开设冒口<br>6）易产生缩松的部位设置冷铁，促使顺序凝固<br>7）利用搅动棒对浇道冒口内的液体进行上下搅动 |

100mm

在上型部位发生的缩松

50mm

缩松区放大

37

| 缺陷名称 | B—04—FCD）缩松（porosity, shrinkage porosity, micro shrinkage, dispersed shrinkage） |
|---|---|
| 产品名称 | 圆柱体 |
| 铸造法 | 消失模铸造 |
| 材质和热处理 | 球墨铸铁，FCD450，铸态 |
| 铸件质量 | 45kg（$\Phi$200mm × H200mm） |
| 缺陷状态 | 浇注温度低时形成集中缩松；浇注温度高时形成分散缩松 |
| 缺陷位置 | 铸件中心部 |
| 原因（推测） | 1）浇注温度高<br>2）糊状凝固程度高<br>3）凝固速度太慢<br>4）因浇注温度高，孕育衰退严重，石墨颗粒数减少<br>5）液体收缩大 |
| 对策 | 1）降低浇注温度<br>2）设置冷铁，促使顺序凝固 |

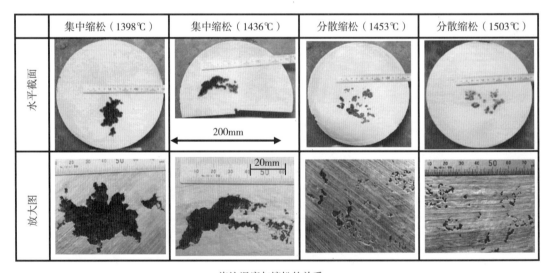

浇注温度与缩松的关系

随浇注温度的提高，缩松由集中型向分散型变化

| 缺陷名称 | B—04—Mg）缩松（porosity，shrinkage porosity，micro shrinkage，dispersed shrinkage） |
|---|---|
| 产品名称 | 壳体 |
| 铸造法 | 石膏型熔模铸造 |
| 材质和热处理 | 铸造镁合金，AZ91E |
| 铸件质量 | 1.1kg |
| 缺陷状态 | 铸件表面形成网状空隙 |
| 缺陷位置 | 从内浇道流入的液体直接冲击的铸型尖角处 |
| 原因（推测） | 铸型壁面被液流加热，导致凝固被推迟 |
| 对策 | 1）增加内浇道数量<br>2）改进铸造工艺，防止型壁局部过热 |

铸件表面的缩松

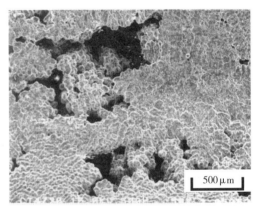

缩松的扫描电镜照片

缩松的X射线透视

　　铸造镁合金 AZ91D（$w$（Al）9%$w$（Zn）0.8%，其余 Mg）的铸造性能良好，但由于凝固温度范围很宽，容易产生热裂和缩孔等缺陷。因此，应采取顺序凝固以及设置冷铁等措施，改善凝固条件

　　缩松的扫描电镜照片中铸件表面呈树枝状组织，表面粗糙

| | |
|---|---|
| 缺陷名称 | B—05—FCM) 内部缩松 (internal porosity, coarse structure, porous structure) |
| 产品名称 | 联轴器 |
| 铸造法 | 湿型铸造 |
| 材质和热处理 | 黑心可锻铸铁，FCMB27—05，退火 |
| 铸件质量 | 约 0.16kg |
| 缺陷状态 | 　　在最后凝固的厚断面部位中心形成不规则形状的空洞，利用扫描电镜可观察到树枝晶，说明是液体收缩所致 |
| 缺陷位置 | 厚断面处 |
| 原因（推测） | 1）壁厚不均匀，有些部位凝固显著滞后<br>2）冒口位置不当，冒口容量和形状也不当，因而凝固收缩得不到充分补充<br>3）C，Si 的质量分数过低 |
| 对策 | 1）改进铸件设计，使壁厚均匀，不产生热节<br>2）改进冒口开设的位置、容量和形状，以充分补缩<br>3）在不产生麻口、不降低强度的条件下，提高 C 和 Si 的质量分数 |

在铸件最后凝固部位的截面上可观察到形状不规则的空洞（疏松程度较低时，看不到空洞，只能看到粗大组织）

断口

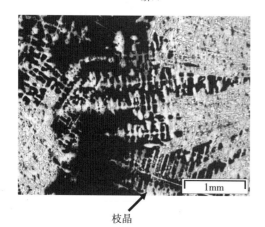

枝晶

显微组织

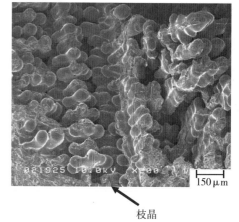

枝晶

SEM组织

| 缺陷名称 | B—06—Cu）缩陷（sink marks，draw，suck-in） |
|---|---|
| 产品名称 | 盖 |
| 铸造法 | 湿型铸造 |
| 材质和热处理 | 铸造黄铜，CAC203 |
| 铸件质量 | 2.5kg |
| 缺陷状态 | 在凝固速度慢的部位形成的浅的凹陷 |
| 缺陷位置 | 铸件厚断面处的上表面 |
| 原因（推测） | 1）凝固收缩的补缩不足或砂型透气性不好而产生的气体压力所致<br>2）中心部厚断面处冒口的补缩作用不够而产生收缩 |
| 对策 | 1）改进铸造工艺<br>2）设置冷铁<br>3）调整浇注温度 |

缩陷

铸件外观

├─┤
10mm

| 缺陷名称 | B—06—FC) 缩陷（sink marks, draw, suck-in） |
|---|---|
| 产品名称 | 一般机械零件 |
| 铸造法 | 湿型铸造 |
| 材质和热处理 | 灰铸铁，FC250，铸态 |
| 铸件质量 | 4.5kg |
| 缺陷状态 | 在铸件表面产生的盆状凹陷。凹陷表面状态与铸件正常表面相同 |
| 缺陷位置 | 铸件上型表面 |
| 原因（推测） | 1）凝固过程中的体积收缩<br>2）厚断面处和最后凝固处补缩不足<br>3）浇注温度过高<br>4）碳当量过低 |
| 对策 | 1）改为体积收缩较少的成分，或改为共晶或接近共晶成分<br>2）增加冒口或内浇道，使厚断面和最后凝固部位得到充分补缩<br>3）在冷却速度慢的部位设置冷铁，使铸件各部位均匀冷却 |

铸件外观

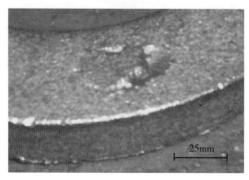

缺陷部位放大

42

| 缺陷名称 | B—07—FCD）芯面缩孔（core shrinkage） |
| --- | --- |
| 产品名称 | 滑块 |
| 铸造法 | 消失模铸造 |
| 材质和热处理 | 球墨铸铁，FCD800，铸态 |
| 铸件质量 | 40kg（180mm×180mm×180mm） |
| 缺陷状态 | 沿芯面发生收缩，缩孔内表面粗糙，呈枝晶状 |
| 缺陷位置 | 型芯面 |
| 原因（推测） | 导热性差的型芯被铁液包围，芯面成为热节而最后凝固 |
| 对策 | 1）型芯内设金属芯骨，以提高砂芯的导热性<br>2）利用冷铁改变最后凝固位置<br>3）开设适当的冒口<br>4）取消型芯 |

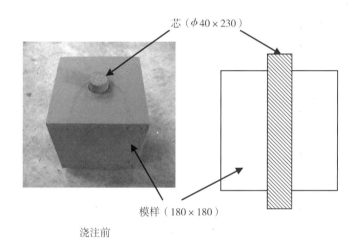

芯（φ40×230）

模样（180×180）

浇注前

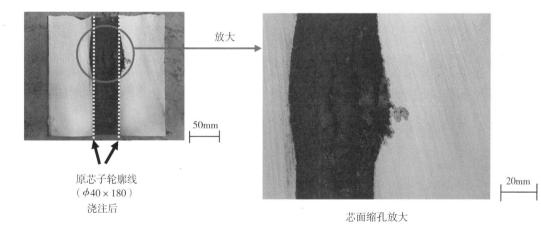

放大

50mm

原芯子轮廓线
（φ40×180）

浇注后

20mm

芯面缩孔放大

## C）气体缺陷

| | |
|---|---|
| 缺陷名称 | C—01—Al）气孔（blowholes，gas hole，blow） |
| 产品名称 | 密封板 |
| 铸造法 | 普通压力铸造 |
| 材质和热处理 | 铝合金，ADC12，铸态 |
| 铸件质量 | 0.265kg |
| 缺陷状态 | 切削加工后显露的横截面形状接近圆形的空洞，空洞表面比较光滑 |
| 缺陷位置 | 铸件内部 |
| 原因（推测） | 压射室和压铸模内的空气以及润滑油和脱模剂分解产生的气体被卷入液体金属中形成气孔 |
| 对策 | 1）改进铸造工艺（调整浇道、排气孔的大小和位置）<br>2）改进铸造条件（铸造压力、填充时间、压射速度、模具温度和切换时间等）<br>3）改变脱模剂和润滑油的种类和用量<br>4）改进压铸件的形状 |

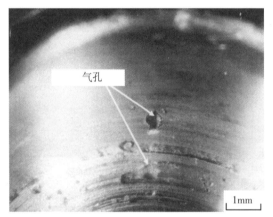

切削加工面上显露的气孔

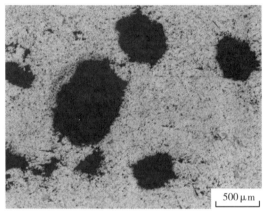

气孔的横截面

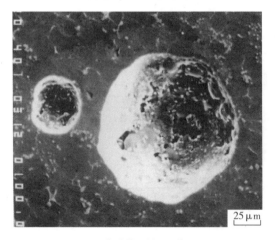

气孔截面的SEM像

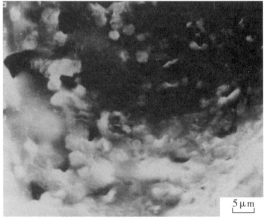

气孔内壁的SEM像

| 缺陷名称 | C—01—Cu）气孔（blowholes，gas hole，blow） |
|---|---|
| 产品名称 | 清水安全阀的阀体 |
| 铸造法 | 湿型铸造（砂芯用 $CO_2$ 硬化） |
| 材质和热处理 | 青铜，CAC403 |
| 铸件质量 | 1.3kg |
| 缺陷状态 | 在铸件皮下形成的内表面光滑的空洞 |
| 缺陷位置 | 与上型接触的铸件表面皮下 |
| 原因（推测） | 1）浇注温度低<br>2）砂型透气性不好<br>3）砂芯的发气量大<br>4）砂芯烘干不充分 |
| 对策 | 1）提高浇注温度<br>2）设置排气孔 |

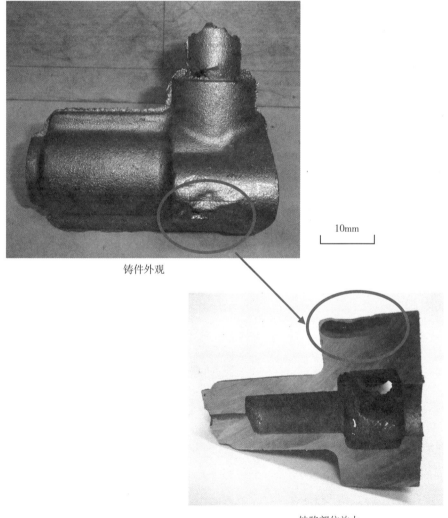

铸件外观

10mm

缺陷部位放大

| | |
|---|---|
| 缺陷名称 | C—01—Cu）气孔（blowholes，gas hole，blow） |
| 产品名称 | 联轴器 |
| 铸造法 | 湿型铸造 |
| 材质和热处理 | 无铅青铜，CAC911 |
| 铸件质量 | 0.4kg |
| 缺陷状态 | 直径2~3mm以上略带圆形的空洞，其内表面光滑，分布无规律，常有不同大小的气孔散布在同一铸件内 |
| 缺陷位置 | 铸件表面或内部（多为皮下） |
| 原因（推测） | 1）凝固前和凝固过程中产生气体<br>2）砂型的透气性不好<br>3）浇包的烘干不充分 |
| 对策 | 1）进行充分的脱气处理<br>2）提高浇注温度<br>3）浇包的烘干要充分<br>4）设置排气孔<br>5）砂型表面刷涂料 |

铸件外观

10mm

缺陷部位放大

| 缺陷名称 | C—01—Cu）气孔（blowholes，gas hole，blow） |
|---|---|
| 产品名称 | 相机室（光学仪器零件） |
| 铸造法 | 自硬性砂型铸造 |
| 材质和热处理 | 铅青铜，CAC603 |
| 铸件质量 | 37.8kg |
| 缺陷状态 | 与冷铁的接触面上形成几毫米直径的半球形凹陷 |
| 缺陷位置 | 与冷铁接触面 |
| 原因（推测） | 1）冷铁（铸铁）的氧化<br>2）冷铁的烘干不充分<br>3）将树脂砂芯浸入石墨＋树脂＋甲醇中涂敷涂料后点火烘干，这时如果树脂过剩且干燥不充分则容易产生气孔 |
| 对策 | 在冷铁上涂敷适当的涂料，充分烘干后使用 |

100mm

铸件外观

缺陷部位放大

| 缺陷名称 | C—01—FC）气孔（blowholes，gas hole，blow） |
|---|---|
| 产品名称 | 一般机械零件 |
| 铸造法 | 湿型铸造 |
| 材质和热处理 | 灰铸铁，FC250，铸态 |
| 铸件质量 | 10.5kg |
| 缺陷状态 | 通常呈球形，内表面光滑，在铸件表面附近孤立或成群存在。在缺陷内表面可观察到气孔形成后缩松引起的枝晶 |
| 缺陷位置 | 砂芯上部接近铸件表面处 |
| 原因（推测） | 由砂芯产生的气体引起的气孔。砂型和砂芯的透气性差，浇注速度太快 |
| 对策 | 1）降低树脂砂中树脂的配比<br>2）提高型砂的强度，以补偿树脂减少带来的强度降低<br>3）提高砂芯和砂型的透气性<br>4）适当设置排气孔<br>5）浇注速度要适当 |

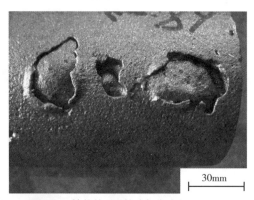

铸件外观及缺陷部位放大

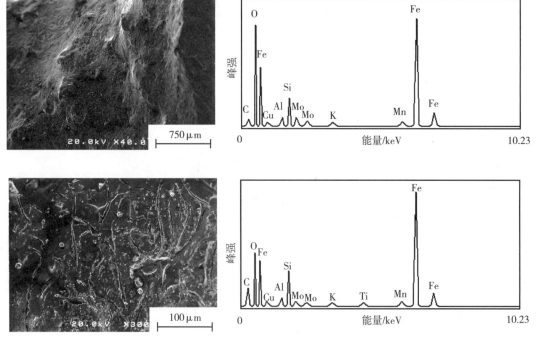

缺陷部位高倍SEM像及EDS分析结果

| 缺陷名称 | C—01—FC) 气孔 （blowholes, gas hole, blow） |
|---|---|
| 产品名称 | 汽车零件 |
| 铸造法 | 壳型铸造 |
| 材质和热处理 | 灰铸铁，FC250，铸态 |
| 铸件质量 | 14kg |
| 缺陷状态 | 内表面光滑的空洞，多在铸件内部发生 |
| 缺陷位置 | 铸件的任何位置 |
| 原因（推测） | 缺陷内部存在线状夹杂物，用 EDS 分析检测到 Mn、Si 和 O，可知夹杂物为 Mn、Si 的氧化物熔渣。由于铁液中气体量过多，气体包围熔渣而成为线状夹杂物 |
| 对策 | 1）减少砂芯粘结剂的配比或改用其他粘结剂<br>2）充分烘干砂型和砂芯<br>3）提高砂型和砂芯的透气性<br>4）浇注前对液体进行除气处理 |

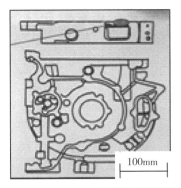 

产品外观及缺陷部位放大

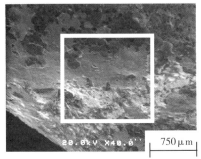 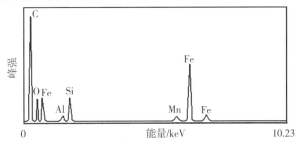

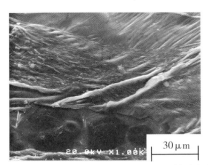 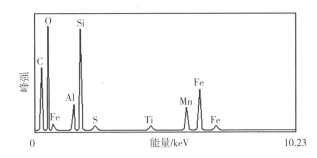

缺陷部位高倍SEM像及EDS分析结果

| | |
|---|---|
| 缺陷名称 | C—01—FC）气孔（blowholes，gas hole，blow） |
| 产品名称 | 汽车零件 |
| 铸造法 | 湿型铸造 |
| 材质和热处理 | 灰铸铁，FC250，铸态 |
| 铸件质量 | 7.2kg |
| 缺陷状态 | 在冷豆部位形成的气孔 |
| 缺陷位置 | 下型的任何部位 |
| 原因（推测） | 缺陷内部存在冷豆，对冷豆进行 EDS 分析，发现氧含量较高，说明已氧化。冷豆表面氧化时液体金属中的 C 气化，在高速浇注时液滴飞溅而成的冷豆是形成气孔的主要原因 |
| 对策 | 1）降低直浇道的高度，以降低液体静压头<br>2）改进铸造工艺，使铁液流动平稳，防止冷豆的发生 |

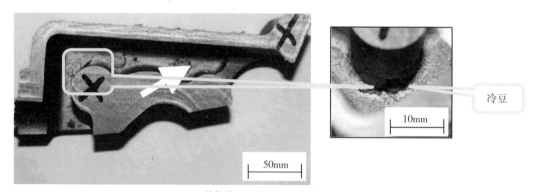

铸件外观及缺陷部位放大

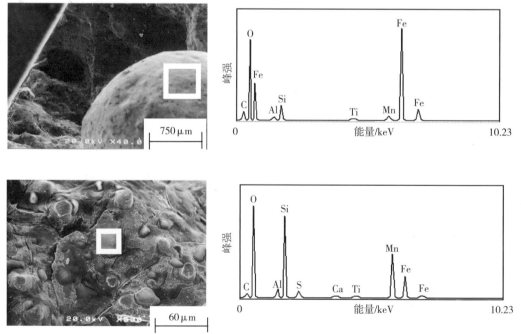

缺陷部位高倍SEM像及EDS分析结果

| 缺陷名称 | C—01—SC）气孔（blowholes，gas hole，blow） |
|---|---|
| 产品名称 | 车辆零件 |
| 铸造法 | 湿型铸造 |
| 材质和热处理 | SC450，退火 |
| 铸件质量 | 102kg |
| 缺陷状态 | 铸件表面上存在大小不等的空洞，缺陷形态特征与针孔相似但比针孔大 |
| 缺陷位置 | 上型一侧的铸件上表面 |
| 原因（推测） | 1）浇注温度低且发气量大<br>2）模样的结构容易引起液体紊流<br>3）排气孔不够 |
| 对策 | 1）提高浇注温度，增加脱氧剂添加量<br>2）在砂型的缺口部位要倒角<br>3）开设排气孔，在浇注过程中点燃排出的气体，促进排气 |

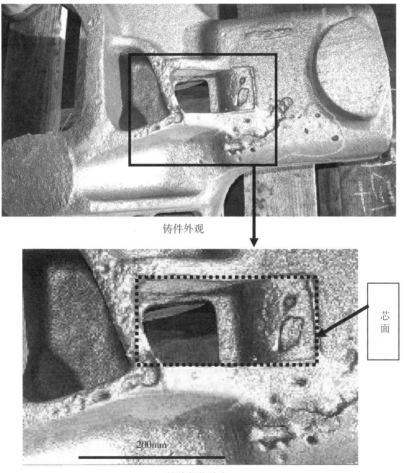

铸件外观

缺陷部位放大

上图中的气孔是在芯面上产生，说明这个缺陷是砂芯的涂料烘干不充分所造成的

| 缺陷名称 | C—01—SC）气孔（blowholes，gas hole，blow） |
|---|---|
| 产品名称 | 车辆零件 |
| 铸造法 | 湿型铸造 |
| 材质和热处理 | SC450，退火 |
| 铸件质量 | 12kg |
| 缺陷状态 | 铸件表面上存在大小不等的空洞 |
| 缺陷位置 | 上型一侧的铸件上表面 |
| 原因（推测） | 4）浇注温度低且发气量大<br>5）模样的结构容易引起液体紊流<br>6）排气孔不够 |
| 对策 | 4）提高浇注温度，增加脱氧剂添加量<br>5）在铸型的缺口形状的部位要倒角<br>6）开设排气口，在浇注过程中点燃排出的气，促进排气 |

铸件外观

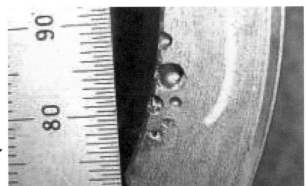

缺陷部位放大

　　铸件黑皮表面上用肉眼就能观察到气孔。气孔的内表面与铸造表面相同。这类缺陷在上型面产生且空洞尺寸较大，故可以认为是气孔。气孔不仅在上型面产生，在芯面上也产生

| 缺陷名称 | C—02—Al）针孔（pinholes） |
|---|---|
| 产品名称 | 活塞 |
| 铸造法 | 金属型铸造 |
| 材质和热处理 | 铝合金，AC8A，T6 |
| 铸件质量 | 约0.3kg（外径86mm，高80mm） |
| 缺陷状态 | 在大面积切削加工面上散布着尺寸很小的点状缺陷 |
| 缺陷位置 | 活塞上部，活塞环槽附近厚断面的外周 |
| 原因（推测） | 合金液中氢气的浓度过高 |
| 对策 | 进行彻底的除气处理 |

活塞上产生的针孔

10mm

| 缺陷名称 | C—02—Cu）针孔（pinholes） |
|---|---|
| 产品名称 | 垫 |
| 铸造法 | 湿型铸造 |
| 材质和热处理 | 青铜，CAC406 |
| 铸件质量 | 10.5kg |
| 缺陷状态 | 内表面光滑的直径 2~3mm 以下的球状小孔 |
| 缺陷位置 | 分散在整个铸件或铸件局部，主要分布在铸件表面或皮下 |
| 原因（推测） | 1）液体与砂型反应而形成的气体在凝固时析出，形成气泡残留在枝晶间<br>2）铜液与砂型反应等外部原因形成的气泡留在铸件内部<br>3）厚断面铸件的浇注温度过高，铜液与砂型反应形成针孔 |
| 对策 | 1）降低浇注温度<br>2）提高浇注速度<br>3）开设排气孔 |

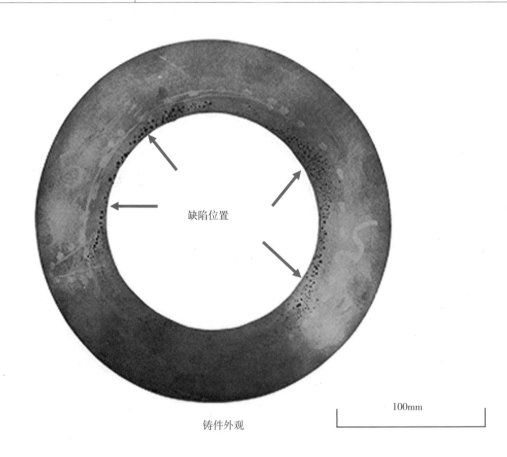

缺陷位置

100mm

铸件外观

| 缺陷名称 | C—02—FC）针孔（Zn 气体型）（pinholes） |
|---|---|
| 产品名称 | 产业机械零件 |
| 铸造法 | 湿型铸造 |
| 材质和热处理 | 灰铸铁，FC200，铸态 |
| 铸件质量 | 1.8kg |
| 缺陷状态 | 内表面光滑的圆形空洞，孤立或成群分布在皮下 |
| 缺陷位置 | 铸件表面和皮下或在切削加工面上出现 |
| 原因（推测） | 缺陷内部存在夹杂物，对其进行 EDS 分析，检测倒 Zn 和 O，表明溶解于液体金属中的 Zn 所产生的气体导致针孔 |
| 对策 | 1）限制炉料中镀锌铁板的用量<br>2）电炉熔炼时延长最高温度下的保温时间，使液体中的 Zn 充分气化逸出 |

铸件外观及缺陷部位放大

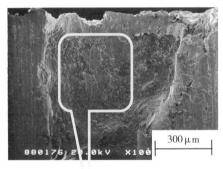
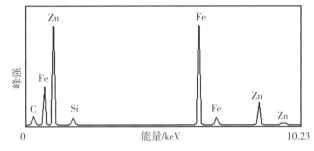

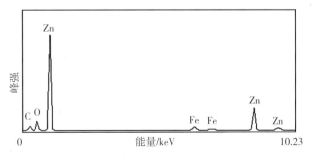

缺陷部位高倍SEM像及EDS分析结果

| | |
|---|---|
| 缺陷名称 | C—02—FC）针孔（气体型）（pinholes） |
| 产品名称 | 汽车零件 |
| 铸造法 | 湿型铸造 |
| 材质和热处理 | 灰铸铁，FC200，铸态 |
| 铸件质量 | 8.5kg |
| 缺陷状态 | 内表面光滑的圆形空洞，孤立或成群地分布于皮下 |
| 缺陷位置 | 铸件表面和皮下（表面以下1~2mm） |
| 原因（推测） | 1）铁液中氧、氮和氢的质量分数过高；2）Mn和Si的质量分数比例不当，S的质量分数过高；3）砂型或砂芯的水分过多；4）炉衬和浇包的烘干不充分 |
| 对策 | 1）使用铁锈和油污少的炉料；2）提高Si的质量分数，降低Mn的质量分数；3）缩短浇注系统的长度；4）降低砂芯和砂型的水分；5）彻底烘干炉衬和浇包 |

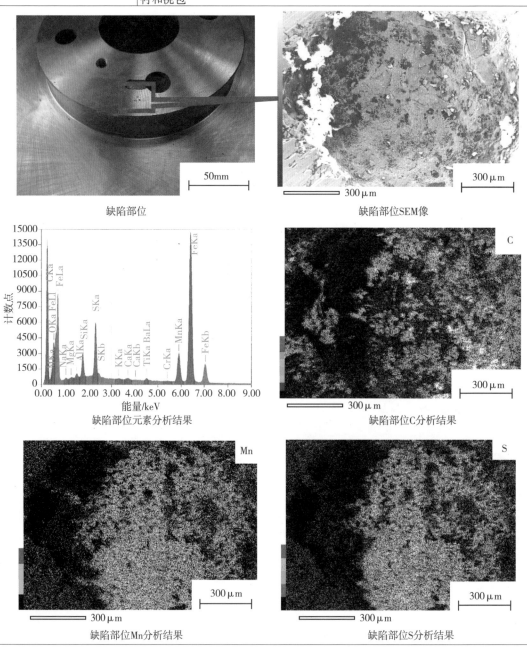

缺陷部位

缺陷部位SEM像

缺陷部位元素分析结果

缺陷部位C分析结果

缺陷部位Mn分析结果

缺陷部位S分析结果

| 缺陷名称 | C—02—FC）针孔（熔渣型）（pinholes） |
|---|---|
| 产品名称 | 汽车零件 |
| 铸造法 | 湿型铸造 |
| 材质和热处理 | 灰铸铁，FC300，铸态 |
| 铸件质量 | 6.8kg |
| 缺陷状态 | 在铸件表面或皮下存在圆形空洞，空洞内存在夹杂物 |
| 缺陷位置 | 铸件表面以及砂型和砂芯的突出部位 |
| 原因（推测） | 对夹杂物的 EDS 分析表明，夹杂物含 Mn、Si、S、Ti、和 O，EDS 面分析结果 Mn 和 Si 的位置重叠，说明铁液中形成了锰硅酸盐熔渣。熔渣和铁液中的 C 反应生成的 CO 气体导致针孔 |
| 对策 | 铁液中 Mn 的质量分数超过 0.7% 时容易形成锰硅酸盐熔渣，所以应降低 Mn 的质量分数 |

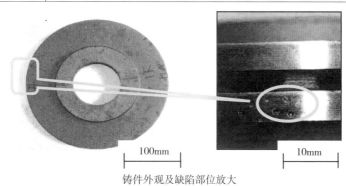

铸件外观及缺陷部位放大

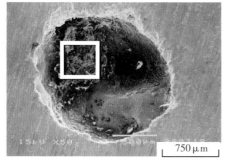
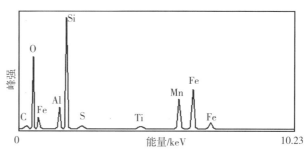

缺陷部位高倍SEM像及EDS分析结果

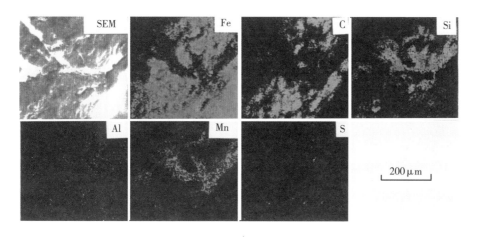

| 缺陷名称 | C—02—FC）针孔（氧化反应型）（pinholes） |
|---|---|
| 产品名称 | 汽车零件 |
| 铸造法 | 湿型铸造 |
| 材质和热处理 | 灰铸铁，FC300，铸态 |
| 铸件质量 | 4.8kg |
| 缺陷状态 | 在铸件表面和皮下存在小空洞和切削加工后出现小空洞 |
| 缺陷位置 | 厚断面部位液体首先到达的位置 |
| 原因（推测） | 缺陷内部不存在夹杂物，内表面 EDS 分析结果检测倒 O、Al 和 Si，说明这个缺陷是被氧化的铁液在最后到达的部位与 C 反应产生 CO 气体所致 |
| 对策 | 1）防止铁液氧化：①提高熔化温度及浇注温度；②缩短从出炉到浇注为止的时间间隔；③除去炉料中的氧化物<br>2）防止浇注过程中的氧化：①提高浇注速度；②采取措施防止紊流<br>3）防止铸型氧化：①降低型砂的水分；②增加煤粉的添加量；③提高砂型的透气性 |

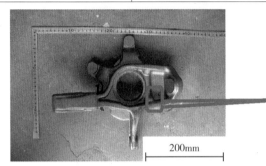

铸件外观及缺陷部位放大

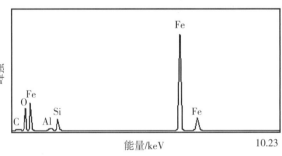

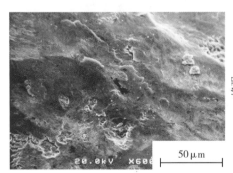
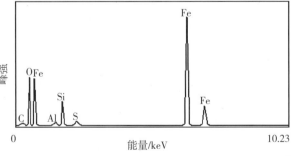

缺陷部位高倍SEM像及EDS分析结果

| | |
|---|---|
| 缺陷名称 | C—02—FC）针孔（物理型）（pinholes） |
| 产品名称 | 汽车零件 |
| 铸造法 | 湿型铸造 |
| 材质和热处理 | 灰铸铁，FC300，铸态 |
| 铸件质量 | 2.8kg |
| 缺陷状态 | 在铸件皮下或表面存在圆形小空洞 |
| 缺陷位置 | 切削加工面上出现的针孔 |
| 原因（推测） | 铁液中的 Al 和砂型中的水分反应生成的氢气留在皮下而成为针孔 |
| 对策 | 1）减少型砂中的水分<br>2）减少粘土的比例<br>3）减少铁液中 Al 和 Ti 的质量分数 |

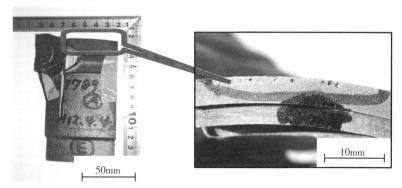

铸件外观及缺陷部位放大

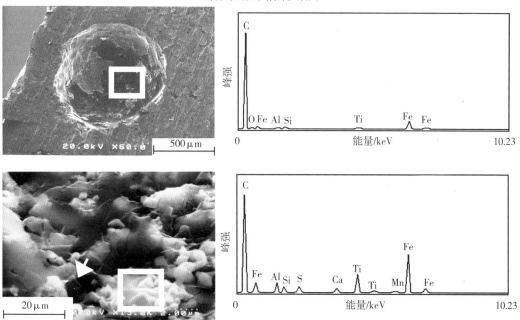

缺陷部位高倍SEM像及EDS分析结果

| 缺陷名称 | C—02—FCD）针孔（球化剂熔渣型）（pinholes） |
|---|---|
| 产品名称 | 汽车零件 |
| 铸造法 | 湿型铸造 |
| 材质和热处理 | 球墨铸铁，FCD450 |
| 铸件质量 | 0.9kg |
| 缺陷状态 | 铸件表面出现若干个球状凹陷，凹陷内有夹杂物 |
| 缺陷位置 | 多出现在内浇道附近 |
| 原因（推测） | 缺陷内部有非金属夹杂物，经 EDS 分析，检测到 Si、Mg、Al、Ca、Ba 和 O。球化剂所特有的 Mg 的存在表明球化剂残余成为熔渣，铁液中的 C 与熔渣反应生成 CO 气体。因此，球化处理温度较低时容易形成这类缺陷 |
| 对策 | 1）严格控制球化处理温度及铁液出炉温度的下限<br>2）采取措施防止球化处理过程中铁液温度的降低 |

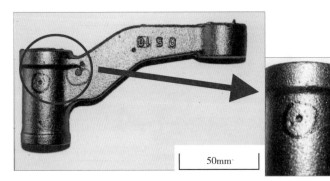

铸件外观及缺陷部位放大

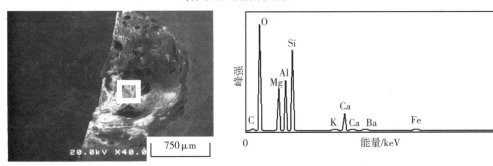

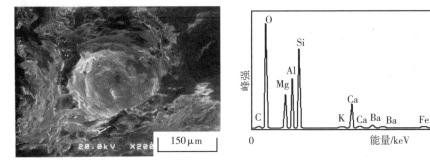

缺陷部位高倍SEM像及EDS分析结果

| 缺陷名称 | C—02—FCD）针孔（夹砂，熔渣型）（pinholes） |
|---|---|
| 产品名称 | 汽车零件 |
| 铸造法 | 湿型铸造 |
| 材质和热处理 | 球墨铸铁，FCD450 |
| 铸件质量 | 0.9kg |
| 缺陷状态 | 铸件表面上存在多个凹陷 |
| 缺陷位置 | 内浇道附近 |
| 原因（推测） | 缺陷内部存在块状非金属夹杂物。经 EDS 分析，检测到 Si、Al 和 O，说明这类缺陷是由硅引起的。另外，有些夹杂物中检测到 Mg、Ce、Mn 等元素，表明这些缺陷是由球化剂引起的 |
| 对策 | 铸件中存在砂眼，缺陷内部发生砂的渣化，故应加大内浇道的横截面积，降低铁液在内浇道的流速 |

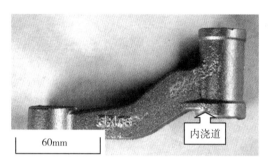

铸件外观及缺陷部位放大

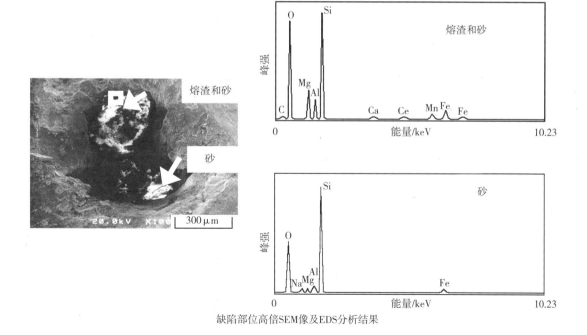

缺陷部位高倍SEM像及EDS分析结果

| 缺陷名称 | C—02—FCD）针孔（孕育剂熔渣型）（pinholes） |
|---|---|
| 产品名称 | 铸铁管 |
| 铸造法 | 离心铸造，壳型端盖 |
| 材质和热处理 | 球墨铸铁，FCD500 |
| 铸件质量 | 400kg |
| 缺陷状态 | 端面上存在若干个凹陷 |
| 缺陷位置 | 端盖部位 |
| 原因（推测） | 存在非金属夹杂物。EDS 分析表明，夹杂物中存在 Si、Ca、Ba 和 O。Ba 是孕育剂所特有的元素，说明残余硅铁孕育剂形成熔渣，铁液中的 C 与熔渣反应生成 CO 气体引起缺陷 |
| 对策 | 1）采用铁液流中孕育方法时，未完全熔化的孕育剂成为熔渣。应防止孕育剂投入时的飞溅<br>2）在吸湿的情况下容易成渣，应采取措施防止吸湿 |

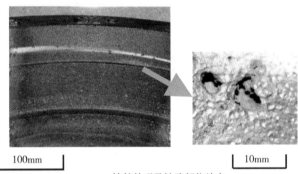

铸件外观及缺陷部位放大

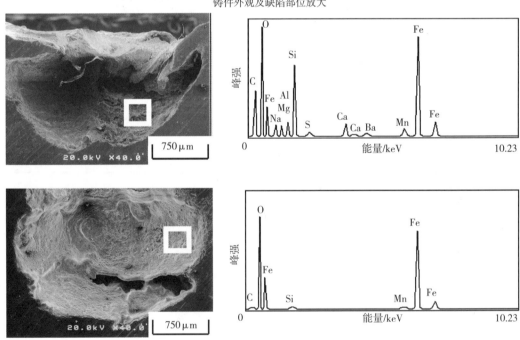

缺陷部位高倍SEM像及EDS分析结果

| 缺陷名称 | C—02—FCD）针孔（砂型的水分引起的）（pinholes） |
|---|---|
| 产品名称 | 通用机械零件 |
| 铸造法 | 湿型铸造 |
| 材质和热处理 | 球墨铸铁，FCD450 |
| 铸件质量 | 0.4kg |
| 缺陷状态 | 切削加工面上出现凹陷 |
| 缺陷位置 | 切削加工面 |
| 原因（推测） | 湿型砂中产生的水蒸气引起针孔 |
| 对策 | 1）减少型砂中的水分<br>2）选用粒度大的硅砂，以提高砂型的透气性<br>3）增加煤粉的配比 |

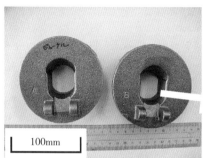 

铸件外观及缺陷部位放大

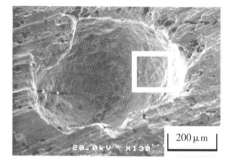 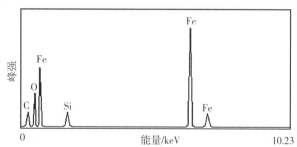

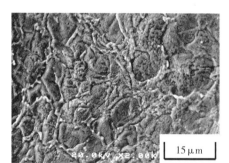 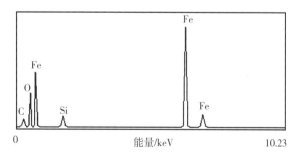

缺陷部位高倍SEM像及EDS分析结果

| | |
|---|---|
| 缺陷名称 | C—02—SC）针孔（pinholes） |
| 产品名称 | 车辆零件 |
| 铸造法 | 湿型铸造 |
| 材质和热处理 | SC450，退火 |
| 铸件质量 | 20kg |
| 缺陷状态 | 铸件表面形成小空洞 |
| 缺陷位置 | 上型一侧铸件表面 |
| 原因（推测） | 1）浇注温度低且发气量大<br>2）型砂中的水分过多<br>3）粘结剂淀粉的蛋白质含量高<br>4）排气孔少<br>5）冷铁引起的气窝 |
| 对策 | 1）提高浇注温度，增加脱氧剂的添加量<br>2）减少型砂的水分<br>3）使用低蛋白质的淀粉<br>4）开设排气孔，在浇注过程中点燃排气，以加速排气<br>5）延长冷铁（表面烧结一层砂的冷铁）的烘干时间 |

缺陷部位放大

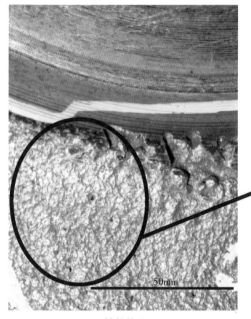

铸件外观

在铸件黑皮面上存在用肉眼很难辨认的微小的空洞，经切削加工后很容易发现缺陷。这类缺陷只在上型一侧发生，且呈针状，故可判定为针孔

| 缺陷名称 | C—03—FC）裂纹状缺陷，线状缺陷（fissure defects） |
|---|---|
| 产品名称 | 汽车零件 |
| 铸造法 | 湿型铸造 |
| 材质和热处理 | 灰铸铁，FC250，铸态 |
| 铸件质量 | 10.5kg |
| 缺陷状态 | 细小的裂纹状空穴，垂直于表面。空穴内表面呈枝晶 |
| 缺陷位置 | 沿芯面形成多个缺陷 |
| 原因（推测） | 缺陷内部呈枝晶状并存在碳膜，EDS 分析未发现氧化物。由砂芯（冷芯盒树脂砂）产生的氮气扩散进入铁液，在凝固后期沿枝晶间形成缺陷 |
| 对策 | 1）减少砂芯中粘结剂的含量<br>2）充分烘干砂芯<br>3）控制增碳剂和废钢屑中的 N 质量分数 <0.01% |

铸件外观及缺陷部位放大

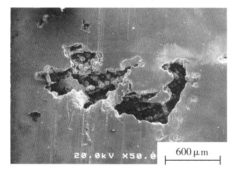 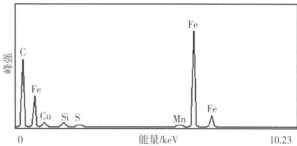

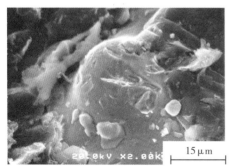 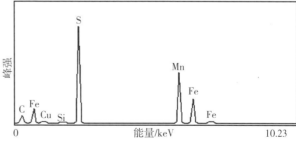

缺陷部位高倍SEM像及EDS分析结果

| | |
|---|---|
| 缺陷名称 | C—02—FC）裂纹状缺陷，线状缺陷（fissure defects） |
| 产品名称 | 机床零件（床身） |
| 铸造法 | 消失模铸造 |
| 材质和热处理 | 灰铸铁，FC300，铸态 |
| 铸件质量 | 6800kg（3480×1760×1170） |
| 缺陷状态 | 对大型铸件来说，氮质量分数>0.01%时容易产生这类龟裂状（或称树枝状）缺陷。在本例中，缺陷出现在球顶圆柱冒口根部。局部 N 质量分数很高时可在 EDS 面分析中检测到 N 的存在 |
| 缺陷位置 | 球顶圆柱冒口根部 |
| 原因（推测） | 铁液中 $w$（N）>0.01% 时发生。本例中，在冒口根部产生的氮气进入铁液，形成龟裂状针孔 |
| 对策 | 1）控制沥青焦炭增碳剂中 $w$（N），确保铁液中 $w$（N）<0.01%<br>2）铁液快要出炉时不要加沥青焦炭增碳剂<br>3）严格控制 $w$（N）高的炉料<br>4）不要使用 $w$（N）高的铸型材料 |

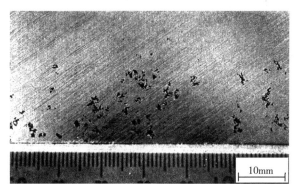

缺陷部位放大

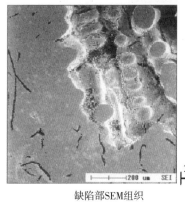

缺陷部SEM组织

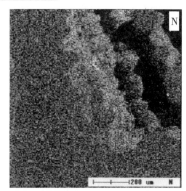

缺陷部EDS分析结果(N)

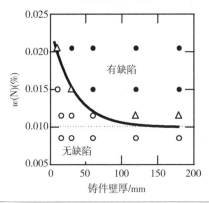

铸件壁厚与氮气缺陷的关系
（中江秀雄，铸锻造と热处理485（1988）4，33）

## 历史话题（1）世界文化遗产　艾恩布里奇（铁桥）的铸造缺陷

图（1）-1　艾恩布里奇

艾恩布里奇是 1779 年建造的铸铁桥（图（1）-1），其跨度为 30m，已被列入世界文化遗产。桥的总质量约 387t，由许多铸铁部件组装而成。该桥建在伯明翰市近郊塞文河上。据说当年塞文河常常洪水泛滥，人们希望建造一座洪水冲不走的坚固的大桥。但是，由于建桥的风险太大，当局提出计划后一时间无人问津，后来阿布拉姆-大卫投标修建。他先在乔治炼铁厂铸造部件后运到现场组装成大桥。当地正是工业革命的发源地，著名的现代炼钢业的圣地。

从远处望去，铁桥优美壮观，不愧是世界文化遗产和著名旅游名胜。但从侧面仔细观察就会发现如图（1）-2 所示的气孔缺陷。从内侧观察桥的下部，可以看到由于铸造变形，个别部位的拱形弯曲而不成为圆弧状，甚至有些变形严重的部位不得不利用夹具连接起来（图（1）-3）。这类缺陷在图（1）-1 的左侧最小的拱顶件中也能观察到，但没有采取任何措施，这可能是因为该处所受的载荷小。可以想象建造如此大型铁桥在当时是非常困难和复杂的工程，所以对载荷小的部位的不太显眼的缺陷，就没做特殊处理，现场组装后直接投入使用了。对于铸造工作者来说，铁桥的缺陷令人饶有兴趣，又能使人感受到当年铸造人的苦心，建议大家一定去亲眼目睹这一著名铁桥。

图（1）-2　气孔缺陷　　　　　　　　　　　图（1）-3　铸造变形缺陷

## D）裂纹

| 缺陷名称 | D—01—FCD）缩裂（shrinkage crack） |
|---|---|
| 产品名称 | 汽车零件 |
| 铸造法 | 湿型铸造 |
| 材质和热处理 | 球墨铸铁，FCD600 |
| 铸件质量 | 8.5kg |
| 缺陷状态 | 加工面上有细长裂纹 |
| 缺陷位置 | 砂芯分型面附近 |
| 原因（推测） | 浇注温度低和砂芯放出的气体引发铁液紊流 |
| 对策 | 1）提高浇注温度 |
|  | 2）减少砂芯中树脂粘结剂的配比 |
|  | 3）提高砂型的透气性 |

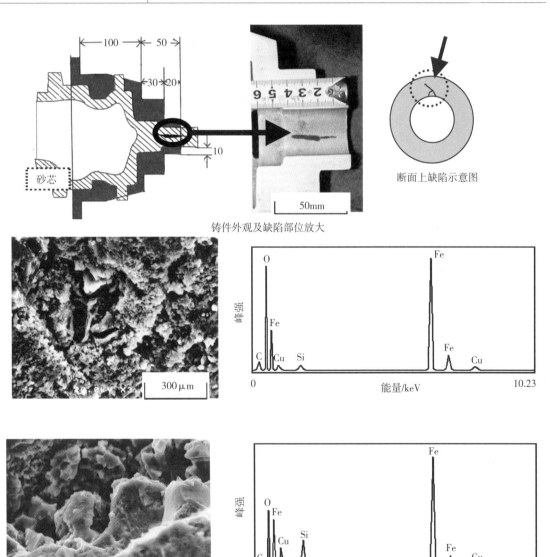

铸件外观及缺陷部位放大

断面上缺陷示意图

缺陷部位高倍SEM像及EDS分析结果

| | |
|---|---|
| 缺陷名称 | D—01—Al）缩裂（shrinkage crack） |
| 产品名称 | 两轮车悬架 |
| 铸造法 | 金属型铸造 |
| 材质和热处理 | 铝合金，AC4CH，T6 |
| 铸件质量 | 约3kg |
| 缺陷状态 | 铸件局部沿收缩线形成圆周状裂纹 |
| 缺陷位置 | 顶出杆端面角部 |
| 原因（推测） | 顶出杆冷却不足 |
| 对策 | 1）加强顶出杆部分的冷却<br>2）顶出杆断面角部要倒角<br>3）调整冒口设计 |

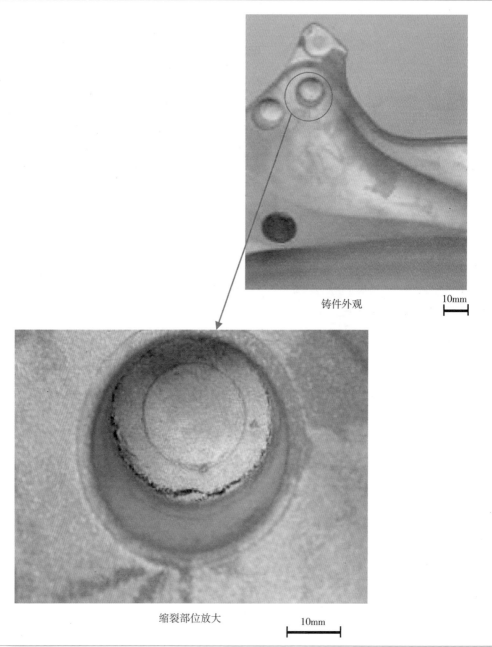

铸件外观　　　　　10mm

缩裂部位放大　　　　　10mm

70

| 缺陷名称 | D—01—Cu）缩裂（shrinkage crack） |
|---|---|
| 产品名称 | 电磁阀盖 |
| 铸造法 | 二氧化碳硬化型铸造 |
| 材质和热处理 | 青铜，CAC403 |
| 铸件质量 | 约15kg |
| 缺陷状态 | 肉眼可见的裂纹，边缘尖锐。在最后凝固部位产生，并沿晶界或树枝晶生成 |
| 缺陷位置 | 法兰圆角部位 |
| 原因（推测） | 1）凝固过程中已结晶的固相对液相产生拉应力，固相收缩进一步加剧缩裂<br>2）壁厚不均匀，铸件各部分间冷却速度差别很大<br>3）角部圆角半径太小<br>4）冒口开设的位置不当，尺寸较小 |
| 对策 | 1）加大角部圆角<br>2）调整冒口设计 |

裂纹位置

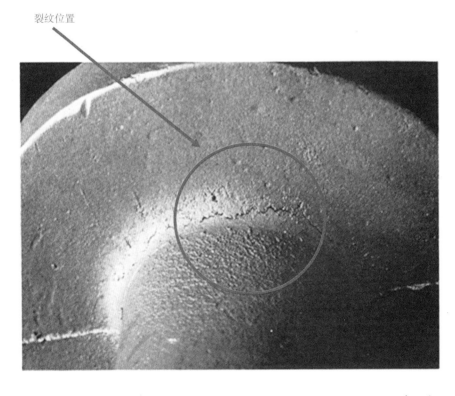

铸件外观 

10mm

| | |
|---|---|
| 缺陷名称 | D—02—Al）应力热裂（hot cracking, hot tearing, hot tear） |
| 产品名称 | 后铰链 |
| 铸造法 | 金属型铸造 |
| 材质和热处理 | 铝合金（Al—Si 系），T6（下图为铸态） |
| 铸件质量 | 2.8kg |
| 缺陷状态 | 在凝固收缩引起的拉应力作用下，铸件表面和内部产生裂纹 |
| 缺陷位置 | 凝固收缩时承受拉应力且散热不利的位置——壁厚变化大的热节部位 |
| 原因（推测） | 铸造工艺不当，铝液补缩不充分（不满足顺序凝固条件），材料强度低于凝固应力 |
| 对策 | 1）正确设计冒口形状和位置，保证充分的补缩<br>2）改进铸造工艺和金属型冷却条件（冷却水量与位置以及涂料等），确保顺序凝固<br>3）改变材料成分，减少凝固收缩<br>4）改变铸件的形状 |

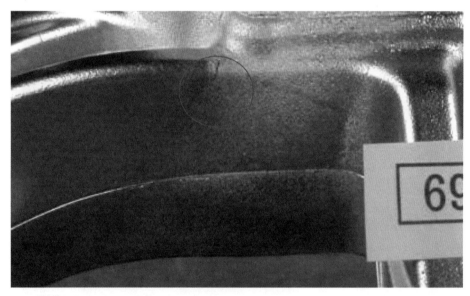

热裂缺陷　　　　　　　　　　　　　10mm

| 缺陷名称 | D—02—FCM）应力热裂（hot cracking, hot tearing, hot tear） |
|---|---|
| 产品名称 | 联轴器 |
| 铸造法 | 湿型铸造 |
| 材质和热处理 | 黑心可锻铸铁，退火 |
| 铸件质量 | 约 0.16kg |
| 缺陷状态 | 铸造过程中在铸件的边缘产生裂纹 |
| 缺陷位置 | 铸件边缘 |
| 原因（推测） | 1）铸件的壁厚差别太大<br>2）砂芯的退让性差，凝固收缩受阻而在高温下发生开裂<br>3）内浇道设计不合理，凝固收缩引起较大的内应力<br>4）因铸造工艺方案不合理，产生微观缩松，凝固收缩时缩松成为裂纹源 |
| 对策 | 1）设计产品时避免铸件各部分壁厚差别过大<br>2）内外角尽量做到大的圆角过渡<br>3）使用退让性好的砂芯<br>4）优化铸造工艺 |

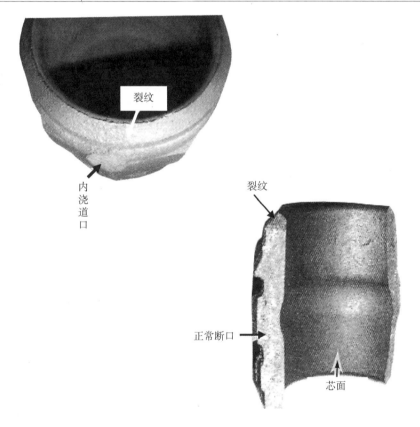

　　本例是在铸件边缘形成裂纹的一种缺陷。冷裂裂纹断面没有颜色，但热裂在高温下发生，所以裂纹断口氧化而改变原来的颜色（着色），用 SEM 观察有时可发现微观缩松

| | |
|---|---|
| 缺陷名称 | D—02—Mg）应力热裂（hot cracking, hot tearing, hot·tear） |
| 产品名称 | 箱体 |
| 铸造法 | 石膏型熔模铸造 |
| 材质和热处理 | 铸造镁合金 AZ91E |
| 铸件质量 | 1.1kg |
| 缺陷状态 | 内浇道口附近产生裂纹 |
| 缺陷位置 | 铸件表面 |
| 原因（推测） | 内浇道口下部因连续流入液体金属而温度升高，凝固被推迟而产生裂纹。另外在突缘部位聚集的液体氧化膜进一步助长了裂纹的形成 |
| 对策 | 1）增加内浇道数，略微降低浇注温度<br>2）在直浇道口和内浇道设置筛网片等滤渣装置 |

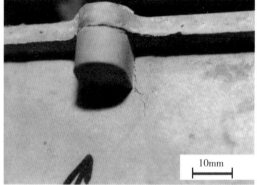

铸件外表面和同一位置内表面的裂纹

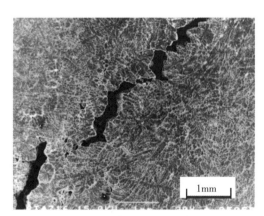

裂纹处SEM组织　　　　　　　　　　　开裂面的SEM组织

| | |
|---|---|
| 缺陷名称 | D—02—Mg）应力热裂（hot cracking，hot tearing，hot tear） |
| 产品名称 | 箱体 |
| 铸造法 | 冷压室压力铸造 |
| 材质和热处理 | 铸造镁合金 AZ91D |
| 铸件质量 | 1.1kg（300mm×250mm） |
| 缺陷状态 | 主壁厚为0.8mm的薄壁压铸件，壁厚变化大的内角部位产生裂纹 |
| 缺陷位置 | 铸件内角部位 |
| 原因（推测） | 因为壁厚差别大，先凝固的薄壁收缩对后凝固的厚壁部位产生大的拉应力，导致开裂。当液体金属流动性差和压铸模的温度低时，容易产生这类缺陷 |
| 对策 | 1）控制压铸模的温度<br>2）缩短保压时间（从压射到开型的时间间隔） |

铸件内角处裂纹（箭头所指处）

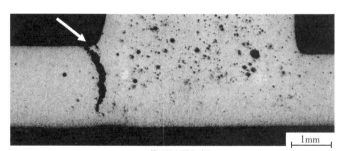

截面显微组织
裂纹右侧厚断面处有较多的气孔

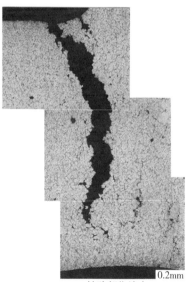

缺陷部位放大

| 缺陷名称 | D—02—SC）应力热裂（hot cracking，hot tearing，hot tear） |
|---|---|
| 产品名称 | 车辆零件 |
| 铸造法 | 二氧化碳硬化湿型铸造 |
| 材质和热处理 | SC450，退火 |
| 铸件质量 | 180kg |
| 缺陷状态 | 从铸件表面到芯面的贯穿裂纹 |
| 缺陷位置 | 采用高强度型芯的铸件，厚断面和断面厚度差别大的部位 |
| 原因（推测） | 1）浇注温度高<br>2）型砂的退让性降低引起热膨胀的减小<br>3）由于型芯的强度高，液体金属膨胀受阻<br>4）铸件缺口部位壁厚差别大，凝固时间显著差异 |
| 对策 | 1）降低浇注温度<br>2）添加木粉和再生砂，以提高型砂的退让性<br>3）由原来的手工造芯改为气流紧实的机械造芯<br>4）铸件的缺口处要圆滑过渡（倒角） |

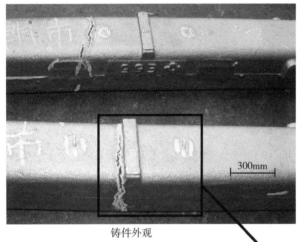

铸件外观

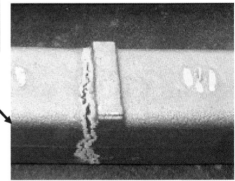

缺陷部位放大

观察铸件的裂纹部位，发现裂纹的起点在铸件表面并向内部扩展。裂纹内部有氧化膜，外部没有氧化膜，由此可以判断该裂纹是高温凝固时的伸缩引起的

| 缺陷名称 | D—02—FC）应力热裂（hot cracking，hot tearing，hot tear） |
|---|---|
| 产品名称 | 汽车零件 |
| 铸造法 | 湿型铸造 |
| 材质和热处理 | 灰铸铁，FC200，铸态 |
| 铸件质量 | 8.8kg |
| 缺陷状态 | 用肉眼几乎看不见的裂纹，铸件未分离。断口已氧化，断口表面残存石墨 |
| 缺陷位置 | 在铸件的任何位置都可发生 |
| 原因（推测） | 打箱过早，铸件在红热状态下打箱时开裂 |
| 对策 | 1）不要过早打箱，等铸件冷却后再打箱<br>2）处理（出型、搬运等）铸件要小心，避免受冲击 |

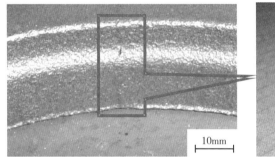

铸件外观及缺陷部位放大

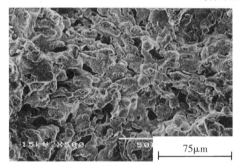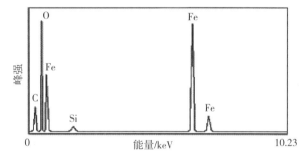

缺陷部位高倍SEM像及EDS分析结果

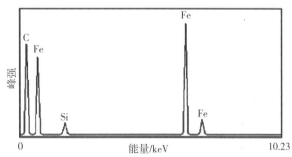

对比图像

冷裂断口高倍SEM像及EDS分析结果

| 缺陷名称 | D—03—FC）应力冷裂（cold cracking，breakage，cold tearing，cold tear） |
|---|---|
| 产品名称 | 冲模 |
| 铸造法 | 消失模铸造 |
| 材质和热处理 | 灰铸铁，FC250，铸态 |
| 铸件质量 | 3200kg（2300mm × 1200mm × 800mm） |
| 缺陷状态 | 在冲头根部两边有三处裂纹，裂纹的起点均在冲头根部 |
| 缺陷位置 | 冲头根部两边的三个位置 |
| 原因（推测） | 1）一般来说，冷裂是当铸件结构引发的内应力超过材料的抗拉强度时发生<br>2）存在内应力的情况下受到外力作用，原有表面压应力因切削加工而释放等也是冷裂的原因<br>3）由于型砂的约束，铸件收缩受阻<br>4）去应力退火工艺不合理<br>5）打箱温度过高<br>6）材质有问题 |
| 对策 | 1）在分析应力的基础上改进铸件结构<br>2）施以去应力退火<br>3）解决铸件收缩受阻问题<br>4）修正热处理工艺<br>5）推迟打箱时间，降低打箱温度<br>6）检查材质是否有问题 |

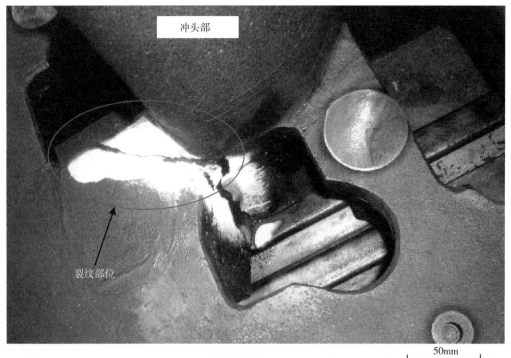

冲头部

裂纹部位

50mm

裂纹部位形态

如果是在使用过程中开裂，在多数情况下与设计和使用方法有关。另外，可以根据油漆是否渗入裂缝，端口表面是否氧化，以及用 SEM 观察断口是否软化来判断铸件是何时开裂的。热裂的断口上用肉眼能看到生锈，用 SEM 可观察到断口表面氧化。在冷裂的情况下可观察到断口未生锈，SEM 断口形貌呈冰糖状脆性断口

| 缺陷名称 | D—04—FCD）激冷层裂纹，白裂（chill crack） |
|---|---|
| 产品名称 | 汽车零件 |
| 铸造法 | 湿型铸造 |
| 材质和热处理 | 球墨铸铁，FCD450，铸态 |
| 铸件质量 | 1.3kg |
| 缺陷状态 | 用肉眼看不到的细裂纹，铸件未分离。断口有氧化和未氧化两种情况 |
| 缺陷位置 | 薄断面且铁液合流部位 |
| 原因（推测） | 1）孕育剂和孕育工艺不当<br>2）因铁液中的 S 含量不合格，石墨数少<br>3）较低温度的铁液在薄断面处合流 |
| 对策 | 1）优化孕育剂和孕育工艺<br>2）优化铁液中 S 的含量<br>3）改进铸造工艺，避免低温铁液在薄断面处合流<br>4）采用排出低温铁液的铸造方案（开设排渣冒口） |

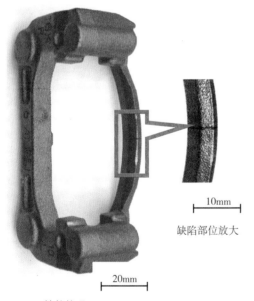

10mm

缺陷部位放大

20mm

铸件外观

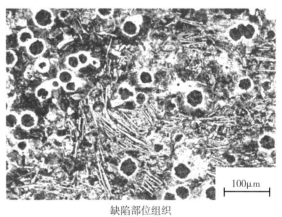

100μm

缺陷部位组织

## E）夹杂物

| 缺陷名称 | E—01—FC）夹渣（孕育剂）（slag inclusion） |
|---|---|
| 产品名称 | 汽车零件 |
| 铸造法 | 湿型铸造 |
| 材质和热处理 | 灰铸铁，FC250，铸态 |
| 铸件质量 | 30.5kg |
| 缺陷状态 | 在铸件表面或内部（加工后显现）形成其成分与熔渣（在本例中是孕育剂）相同的夹杂物 |
| 缺陷位置 | 内浇道口附近凝固表面层，通常在铸件上部 |
| 原因（推测） | 对非金属夹杂物进行 EDS 分析，检测到 Ca、Ba 等元素，说明来自孕育剂残渣 |
| 对策 | 1）改进孕育剂的熔解特性，防止孕育剂氧化 |
| | 2）调整孕育剂的添加量和孕育处理温度，并在孕育处理时搅拌铁液 |

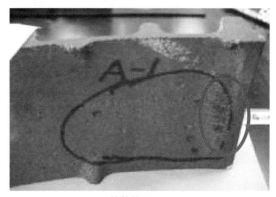

铸件外观

 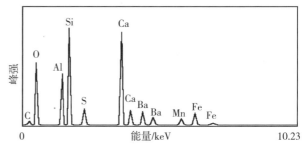

 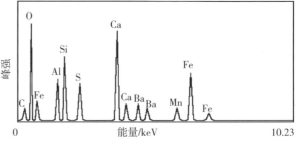

缺陷部位高倍SEM像及EDS分析结果

| 缺陷名称 | E—01—FC）夹渣（孕育剂）（slag inclusion） |
|---|---|
| 产品名称 | 箱体 |
| 铸造法 | 消失模铸造 |
| 材质和热处理 | 灰铸铁，FC250，铸态 |
| 铸件质量 | 630kg（1460mm×1430mm×480mm） |
| 缺陷状态 | 铸件侧面上有残渣或凹坑状缺陷。用砂轮打磨缺陷就会出现黑色线状缺陷，而且越往里打磨黑线越扩大。打开缺陷后发现缺陷底部断口呈黑色 |
| 缺陷位置 | 由铸件表面向内部延伸，也有些缺陷在铸件内部存在 |
| 原因（推测） | 1）孕育剂中的 Al 被氧化成薄膜状 $Al_2O_3$，并作为炉渣留在铸件内<br>2）孕育剂本身残留于铸件内 |
| 对策 | 1）降低孕育剂中 Al 的含量<br>2）使用 Ca、Ba、Al 含量低、容易熔解的孕育剂 |

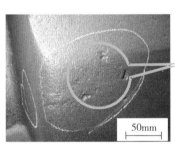

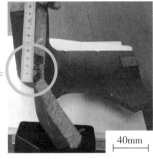

缺陷部断口　　　　　　　缺陷部位放大　　　　　　　缺陷部组织

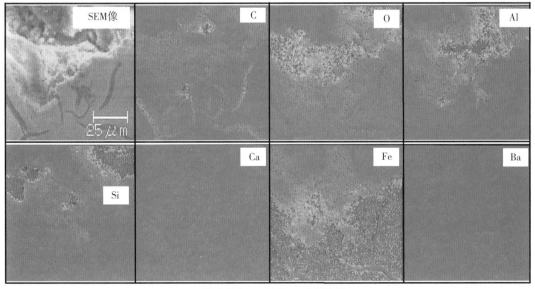

缺陷部位SEM像及EDS分析结果

| | |
|---|---|
| 缺陷名称 | E—01—FCD) 夹渣 (球化剂) (slag inclusion) |
| 产品名称 | 汽车零件 |
| 铸造法 | 湿型铸造 |
| 材质和热处理 | 球墨铸铁, FCD450 |
| 铸件质量 | 2.5kg |
| 缺陷状态 | 切削加工面上出现夹渣 |
| 缺陷位置 | 壳型芯面处铸件的切削加工部位 |
| 原因 (推测) | 缺陷内部存在粒状夹杂物, EDS 分析结果检测到 Mg、Si、Al、Ca、O 等球化剂成分。Mg 含量高表明球化剂残余成为炉渣, 与铁液一起进入铸件而成为缺陷。球化处理温度低时容易产生此缺陷 |
| 对策 | 1) 控制球化处理温度及出炉温度下限<br>2) 防止球化处理过程中的温度下降 |

铸件外观及缺陷部位放大

 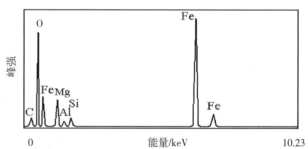

 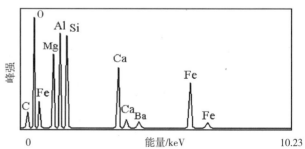

缺陷部位SEM像及EDS分析结果

| 缺陷名称 | E—01—FCD）夹渣（slag inclusion） |
|---|---|
| 产品名称 | 操纵钩爪 |
| 铸造法 | 湿型铸造 |
| 材质和热处理 | 球墨铸铁，FCD450，铸态 |
| 铸件质量 | 5kg |
| 缺陷状态 | 炉渣卷进铁液并进入铸件而成凹陷状表面缺陷 |
| 缺陷位置 | 铸件表面 |
| 原因（推测） | 1）未彻底撇清球化处理过程中形成的液面上的炉渣<br>2）浇包不清洁，附着在浇包内壁的渣重新熔解进入铸件<br>3）炉衬和浇包用耐火材料的质量差，受铁液侵蚀而成为炉渣<br>4）使用了低品质球化剂和孕育剂<br>5）使用了粘附着型砂的返回料，铁液中炉渣多 |
| 对策 | 1）彻底撇清炉渣<br>2）保持浇包的清洁<br>3）使用高温耐火材料<br>4）使用高品质球化剂和孕育剂<br>5）对返回料进行喷丸清理 |

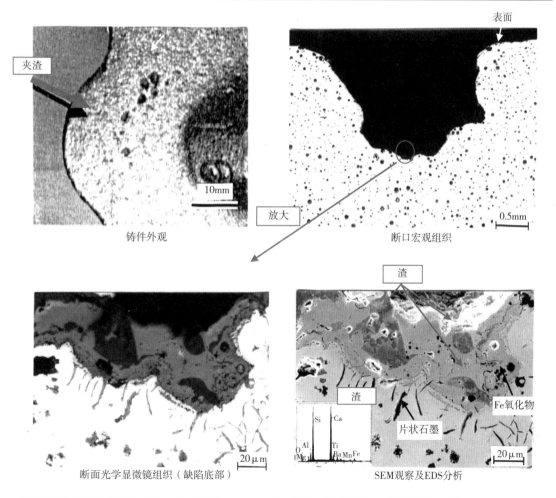

铸件外观

断口宏观组织

断面光学显微镜组织（缺陷底部）

SEM观察及EDS分析

通过 SEM 观察分析缺陷部位，发现夹渣为 Ca-Si 系氧化物，说明因浇包耐火材料的耐热性不足，与铁液反应（侵蚀）而形成缺陷

| 缺陷名称 | E—01—SC）夹渣（slag inclusion） |
|---|---|
| 产品名称 | 货车零件 |
| 铸造法 | 湿型铸造 |
| 材质和热处理 | SCMn2，正火 |
| 铸件质量 | 145kg |
| 缺陷状态 | 铸件表面存在空洞 |
| 缺陷位置 | 在主型面、芯面、横浇道、内浇道等任何位置 |
| 原因（推测） | 1）砂和钢液中的炉渣去除不彻底<br>2）铸造工艺不合理<br>3）未清除浇包壁上附着的炉渣 |
| 对策 | 1）浇注系统中设置集渣包或陶瓷过滤片<br>2）将顶注式浇注改为底注式浇注<br>3）彻底清除浇包中的异物 |

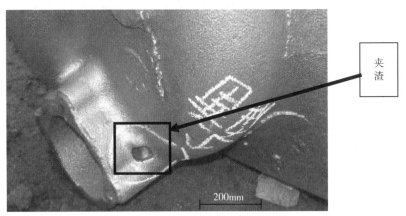

缺陷部位铸件外观

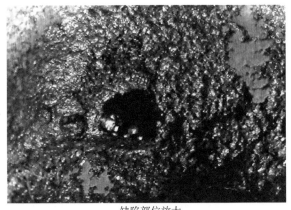

缺陷部位放大

　　图中的缺陷内部存在夹杂物。在表面出现空洞是因为从铸件表面延伸到皮下的夹渣在喷丸处理时被打掉的缘故

| 缺陷名称 | E—02—FC）砂眼（sand inclusion，raised sand，sand hole） |
|---|---|
| 产品名称 | 汽车零件 |
| 铸造法 | 湿型铸造 |
| 材质和热处理 | 灰铸铁，FC200，铸态 |
| 铸件质量 | 8.0kg |
| 缺陷状态 | 铸件皮下生成的不规则块状缺陷，通常在加工面上显现 |
| 缺陷位置 | 铸件的上部 |
| 原因（推测） | 1）浇注时铁液流速过大，砂型的局部被冲刷下来<br>2）造型时不注意<br>3）下芯时碰到砂型，型砂掉落<br>4）砂芯强度低（混砂不充分，砂温过高） |
| 对策 | 1）调整直浇道、横浇道及内浇道的设置<br>2）造型时要十分小心<br>3）设计便于安放的芯头形状，采用正确的下芯方法<br>4）提高砂型的强度（增加粘结剂的配比，冷却型砂，充分混砂，去除砂球等） |

缺陷部位放大

缺陷部位SEM像

缺陷部位EDS分析结果

| 缺陷名称 | E—02—FCD）砂眼（sand inclusion, raised sand, sand hole） |
|---|---|
| 产品名称 | 滑块 |
| 铸造法 | 消失模铸造 |
| 材质和热处理 | 球墨铸铁，FCD700，铸态 |
| 铸件质量 | 14kg（100mm×100mm×200mm） |
| 缺陷状态 | 上型面切削加工4mm后显露大量砂眼 |
| 缺陷位置 | 上型面附近 |
| 原因（推测） | 1）修补砂型后未清理干净<br>2）砂型的表面稳定性差<br>3）砂型的填充不足<br>4）型砂的固化时间调整不足<br>5）砂型破损部位的修补不当<br>6）砂型长时间被铁液冲刷 |
| 对策 | 1）仔细清理砂型的刮削面和切割面<br>2）横浇道和内浇道要刷涂料<br>3）采用阻流式横浇道<br>4）改善砂型的表面稳定性<br>5）切实填充砂型<br>6）调整砂的固化时间<br>7）采用铁液不直接冲刷砂型的铸造工艺<br>8）利用过滤器或集渣包，使铁液平稳流动 |

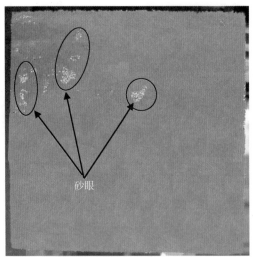

砂眼（上型，加工4mm）

| 缺陷名称 | E—02—FCD）砂眼（sand inclusion，raised sand，sand hole） |
|---|---|
| 产品名称 | 箱体 |
| 铸造法 | 湿型铸造 |
| 材质和热处理 | 球墨铸铁，FCD600，铸态 |
| 铸件质量 | 55kg |
| 缺陷状态 | 浇口杯和砂型内的游离砂被卷入铁液，凝固后在表面形成砂眼 |
| 缺陷位置 | 铸件表面 |
| 原因（推测） | 1）浇口杯的固砂强度不足<br>2）下芯作业不够仔细，砂型表面型砂脱落<br>3）未清理干净砂型内游离砂 |
| 对策 | 1）造型作业的标准化<br>2）下芯作业要十分谨慎<br>3）对砂型内部作全面的吹气清理 |

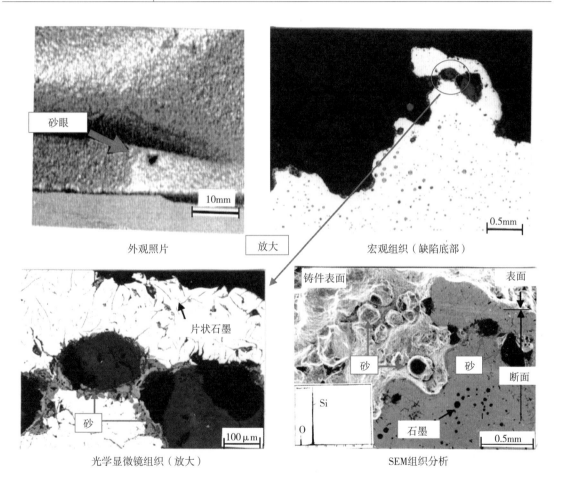

外观照片

放大

宏观组织（缺陷底部）

光学显微镜组织（放大）

SEM组织分析

在缺陷部位可观察到型砂被卷入和初铁液所特有的球化不良造成的片状石墨

通过 SEM 观察和 EDS 分析发现，型砂被卷入铸件内部的同时，铸件表面上亦有大量粘砂。这些表面砂是型砂和高温铁液反应生成的低熔点生成物。

| 缺陷名称 | E—02—SC）砂眼（sand inclusion，raised sand，sand hole） |
|---|---|
| 产品名称 | 建筑机械零件 |
| 铸造法 | 二氧化碳硬化砂型铸造 |
| 材质和热处理 | SCW480，正火 |
| 铸件质量 | 330kg |
| 缺陷状态 | 铸件表面存在空洞 |
| 缺陷位置 | 主型面、芯面、横浇道、内浇道等任何部位 |
| 原因（推测） | 1）型砂的水分不足<br>2）砂芯紧实不足<br>3）合箱时砂型和砂芯碰损<br>4）浇注系统设计不合理 |
| 对策 | 1）增加型砂中的水分<br>2）型芯模样中设置通气孔<br>3）调整芯头与芯座的尺寸配合<br>4）内浇道根部倒圆角，以改善铁液流动 |

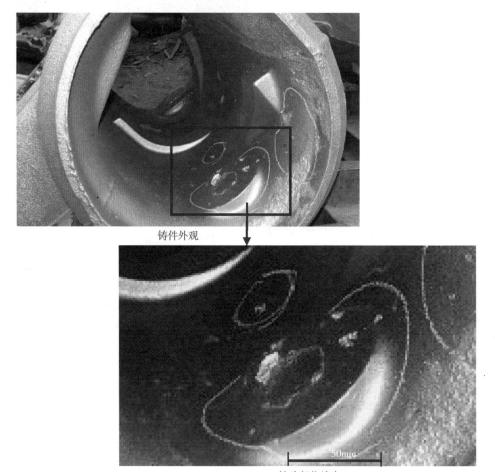

铸件外观

50mm

缺陷部位放大

用肉眼观察凹陷的缺陷部位呈白色，用放大镜观察可发现内部有砂粒

| 缺陷名称 | E—03—FC）其他夹杂物（the other inclusion） |
|---|---|
| 产品名称 | 汽车零件 |
| 铸造法 | 湿型铸造 |
| 材质和热处理 | 灰铸铁，FC250，铸态 |
| 铸件质量 | 42.0kg |
| 缺陷状态 | 在铸件表面或内部（加工后显露）存在非金属夹杂物 |
| 缺陷位置 | 芯面皮下 |
| 原因（推测） | 缺陷内部有粒状非金属夹杂物，EDS 分析夹杂物，检测到 Si、Al、Mg、O 等元素，尤其是 Al 的含量较高。分析所用的陶瓷过滤网，也发现 Al 含量较高（过滤网中粘附着许多微粉） |
| 对策 | 使用微粉少的过滤网 |

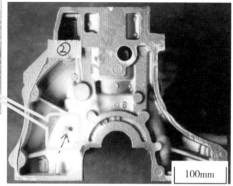

铸件外观及缺陷部位放大

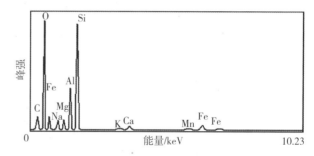

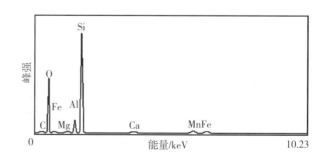

缺陷部位SEM像及EDS分析结果

| 缺陷名称 | E—04）胀砂（cramp-off, push-up） |
|---|---|
| 产品名称 | |
| 铸造法 | 湿型铸造 |
| 材质和热处理 | |
| 铸件质量 | |
| 缺陷状态 | 砂型的型砂位移，造成铸件表面凹陷 |
| 缺陷位置 | |
| 原因（推测） | 1）压铁太重，合箱不良<br>2）支撑砂芯的芯头尺寸太小<br>3）模板翘曲变形<br>4）芯头尺寸大于芯座<br>5）由于芯砂水分过多，砂芯下垂弯曲<br>6）合箱和紧固不均匀 |
| 对策 | 1）调整压铁质量<br>2）调整芯头和芯座尺寸，并加设芯撑<br>3）适当烘干砂芯<br>4）均匀紧固砂箱 |

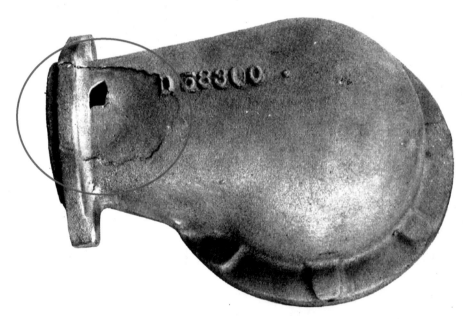

在铸件下型面形成的缺陷
（模板上的砂块将部分下型推上去而形成）

（米国鋳物協会編・日本鋳物協会訳「鋳物不良の原因と対策」（1955）（丸善株式会社）P95）

| | |
|---|---|
| 缺陷名称 | E—05—Al）硬点（hard spot） |
| 产品名称 | 轴 |
| 铸造法 | 普通压力铸造 |
| 材质和热处理 | 铝合金，ADC12，铸态 |
| 铸件质量 | 0.35kg |
| 缺陷状态 | 2～3mm 大小的尖晶石型氧化物（MgAl$_2$O$_4$）混入铸件内，在切削加工面上显露出来 |
| 缺陷位置 | 铸件内部 |
| 原因（推测） | 液体金属表面上的氧化物和炉壁上形成的氧化物在搅拌或机械作用下被卷入铝合金液体，凝固后留在铸件内 |
| 对策 | 1）仔细去除液体金属表面、熔炼设备、浇包和坩埚等设备上的氧化物<br>2）选择适合的脱氧剂，进行彻底的脱氧处理并保持适当的镇静时间<br>3）利用过滤器过滤液体金属<br>4）改进熔炼炉和保温炉 |

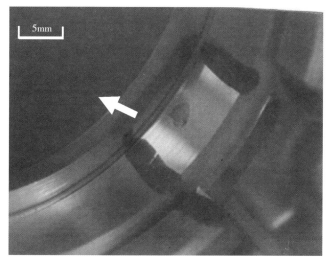

加工面上显露的硬点

Al–Mg系氧化物硬点

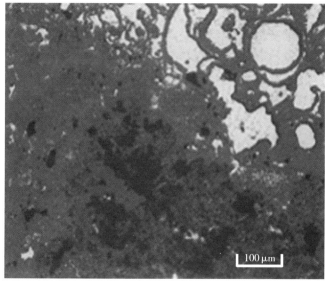

硬点的SEM像

| | |
|---|---|
| 缺陷名称 | E—05—Mg）硬点（hard spot） |
| 产品名称 | 箱体 |
| 铸造法 | 冷室压铸 |
| 材质和热处理 | AZ91D |
| 铸件质量 | 1.1kg |
| 缺陷状态 | 切削加工面上显露黑点 |
| 缺陷位置 | 切削加工面 |
| 原因（推测） | 熔炼炉中形成的氧化物卷入金属液体，凝固后留在铸件内 |
| 对策 | 1）利用不可燃气体防止液体金属的氧化<br>2）不搅拌液体金属，以防止沉降在炉底的氧化物浮上来<br>3）定期清除炉壁的液面线上形成的氧化物 |

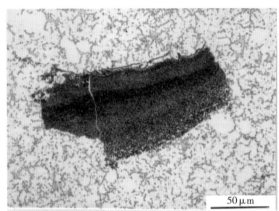

硬点的光学显微镜组织

硬点的光学显微镜组织

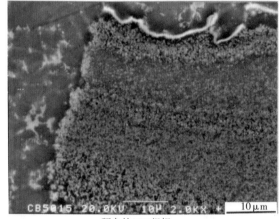

硬点的SEM组织

硬点的 EPMA 元素分析表明氧化物为 MgO。镁合金中氧化物型硬点呈层状形态

| 缺陷名称 | E—06—FCD）石墨浮渣（graphite dross） |
| --- | --- |
| 产品名称 | 模架 |
| 铸造法 | 消失模铸造 |
| 材质和热处理 | 球墨铸铁，FCD600，铸态 |
| 铸件质量 | 4260kg |
| 缺陷状态 | 上型面加工4mm后出现大量石墨漂浮。平面组织呈线状，三维形貌应是薄板状 |
| 缺陷位置 | 上型面及侧面 |
| 原因（推测） | 1）铁液成分为过共晶时发生该缺陷<br>2）消失模铸造时因增碳而发生该缺陷 |
| 对策 | 1）将成分调整为 CEL = C + 0.23Si 低于 4.3%，最好低于 4.2%<br>2）消失模铸造时，采取措施避免来自模样的增碳 |

加工4mm后出
现的石墨缺陷

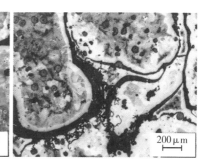

缺陷部位放大①　　　　　　　　　缺陷部位放大②

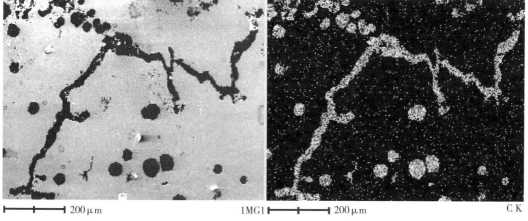

缺陷部位SEM像及EDS分析

| 缺陷名称 | E—07—FCD）浮渣（dross） |
|---|---|
| 产品名称 | 滑块 |
| 铸造法 | 消失模铸造 |
| 材质和热处理 | 球墨铸铁，FCD600，铸态 |
| 铸件质量 | 900kg（500mm×500mm×500mm） |
| 缺陷状态 | 上型面切削加工4mm后显露。平面组织呈线状或片状，故其三维形貌应是薄板状或块状。根据 EDS 分析结果确定缺陷为镁橄榄石（$2MgO \cdot SiO_2$） |
| 缺陷位置 | 上型面附近，但有时扩展到侧面 |
| 原因（推测） | 1）球化反应激烈，大量空气卷入铁液<br>2）Mg 的添加过多<br>3）撇渣不充分<br>4）浇注时或浇注后，在型腔内铁液紊流而氧化 |
| 对策 | 1）采取措施使球化反应平稳进行，减少空气卷入铁液<br>2）设置集渣包<br>3）减少镁的添加量<br>4）采取措施使铁液流动平稳，避免紊流<br>5）开设排渣冒口，排出炉渣<br>6）使炉渣集中在上型面，铸造后通过切削加工去除缺陷 |

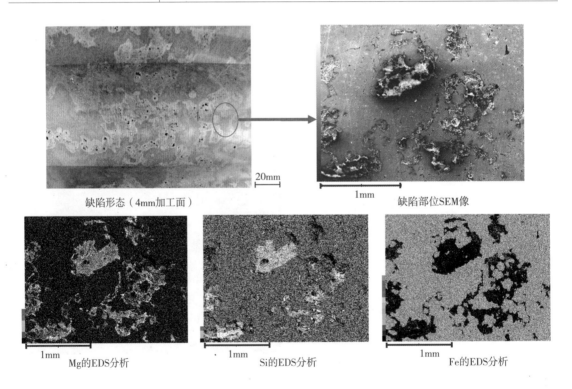

缺陷形态（4mm加工面）　20mm

缺陷部位SEM像　1mm

Mg的EDS分析　1mm

Si的EDS分析　1mm

Fe的EDS分析　1mm

| 缺陷名称 | E—08—Al）沉淀物（sludge） |
|---|---|
| 产品名称 | — |
| 铸造法 | 普通压力铸造 |
| 材质和热处理 | 铝合金，ADC12，铸态 |
| 铸件质量 | |
| 缺陷状态 | 铸件内部存在尺寸约 1mm 的 Al-Fe-Mn-Cr-Si 系金属间化合物 |
| 缺陷位置 | 铸件内部 |
| 原因（推测） | 含 Fe、Mn、Cr 等元素的液体金属在较低温度保温时，会形成金属间化合物并沉淀在坩埚底部，压铸时被卷入铸件内 |
| 对策 | 1）采取措施防止液体金属温度的下降<br>2）控制 Fe、Mn、Cr 等合金元素和杂质元素的质量分数 |

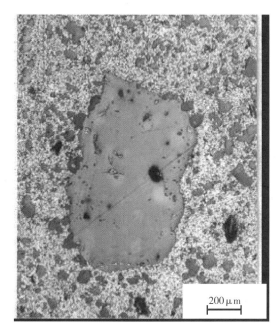 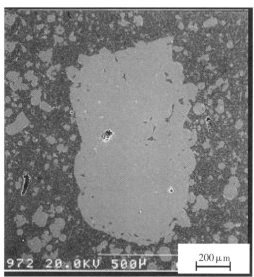

卷入铸件内的Al—Fe—Mn—Cr—Si系金属间化合物（左：光学显微像镜；右SEM像）

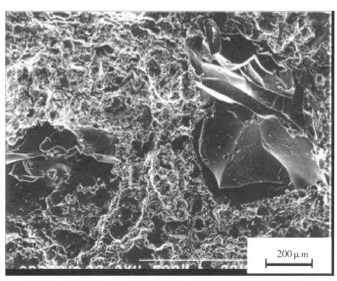

包含夹杂物的断口SEM像（脆性断口部位就是金属间化合物）

95

| 缺陷名称 | E—09—Al）夹杂物（sand inclusion，oxide inclusion，skins，seams） |
|---|---|
| 产品名称 | 阀座 |
| 铸造法 | 普通压力铸造 |
| 材质和热处理 | 铝合金，ADC10，铸态 |
| 铸件质量 | 0.26kg |
| 缺陷状态 | 铸件内部混入了薄膜状夹杂物 |
| 缺陷位置 | 铸件内部 |
| 原因（推测） | 1）铝液处理不充分，返回炉料表面的氧化物带入铸件<br>2）熔炼炉和保温炉的铝液表面氧化膜在压射时与铝液一起进入铸件<br>3）浇包中残留的铝的氧化物被带入铸件 |
| 对策 | 1）仔细处理铝液，彻底除渣<br>2）防止氧化膜的形成<br>3）减少易形成氧化物的元素（如Mg）的含量<br>4）改进浇注系统<br>5）利用浇包浇铸时设置过滤装置<br>6）改变压射方式（直接注入等） |

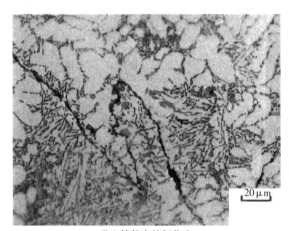

卷入铸件内的氧化皮

断口上氧化膜形态（SEM像和COMPO像）

| 缺陷名称 | E—09—Cu）氧化皮夹渣（oxide inclusion，skins，seams） |
|---|---|
| 产品名称 | 阀类零件 |
| 铸造法 | 湿型铸造 |
| 材质和热处理 | 铸造青铜，CAC406 |
| 铸件质量 | 0.5kg |
| 缺陷状态 | 浇注时生成的锌的氧化物浮游在铸件表面 |
| 缺陷位置 | 铸件表面 |
| 原因（推测） | 1）浇注温度过高<br>2）浇注时间过长<br>3）砂型的透气性差 |
| 对策 | 1）降低浇注温度<br>2）提高浇注速度<br>3）提高砂型的透气性<br>4）缩小内浇道的截面积 |

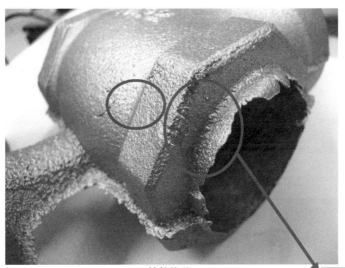

10mm

铸件外观

缺陷部位放大

| 缺陷名称 | E—10—FCD）黑渣，光亮碳膜（black spots，lustrous carbon films） |
|---|---|
| 产品名称 | 支架 |
| 铸造法 | 消失模铸造 |
| 材质和热处理 | 球墨铸铁，FCD700，铸态 |
| 铸件质量 | 420kg（600mm×400mm×460mm） |
| 缺陷状态 | 在铸件的侧面和上型面上发生表面缺陷。切削上型面缺陷部位就会发现，发泡聚苯乙烯碳膜从表面延伸到铸件内部深处 |
| 缺陷位置 | 铸件侧面和上型附近 |
| 原因（推测） | 1）发泡材料聚苯乙烯的分解物残留于铁液中<br>2）排气不充分 |
| 对策 | 1）将发泡材料聚苯乙烯的分解物排除到铸型外<br>2）充分排气<br>3）提高浇注温度 |

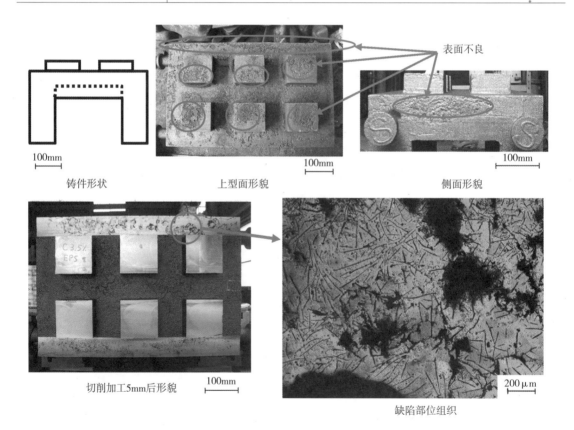

铸件形状　　　　　上型面形貌　　　　　侧面形貌

切削加工5mm后形貌　　　　　缺陷部位组织

## F) 外观缺陷

| 缺陷名称 | F—01—Al）浇不足（misrun，short run，cold lap，cold shut） |
|---|---|
| 产品名称 | 活塞 |
| 铸造法 | 金属型重力铸造 |
| 材质和热处理 | 铝合金，AC8A，铸态 |
| 铸件质量 | 约0.3kg |
| 缺陷状态 | 试制中发现铝液没有充满整个铸型 |
| 缺陷位置 | 销孔旁边 |
| 原因（推测） | 熔化温度和金属型温度低 |
| 对策 | 1）进一步提高铸型的排气能力<br>2）优化铸造条件（熔化温度、金属型温度） |

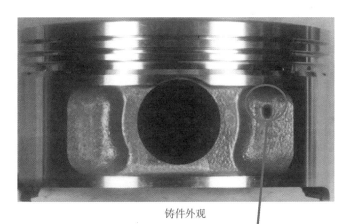

铸件外观

|⎺10mm⎺|

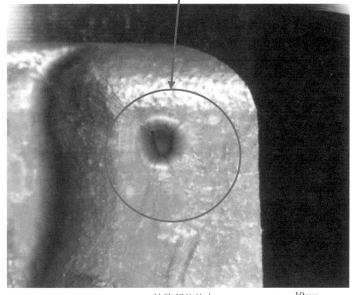

缺陷部位放大　　　|⎺10mm⎺|

| 缺陷名称 | F—01—Cu）浇不足（misrun, short run, cold lap, cold shut） |
|---|---|
| 产品名称 | 消火栓 |
| 铸造法 | 湿型铸造 |
| 材质和热处理 | 铸造青铜，CAC406 |
| 铸件质量 | 2.5kg |
| 缺陷状态 | 液体金属未充满整个型腔，铸件上形成了空洞 |
| 缺陷位置 | 铸件表面 |
| 原因（推测） | 砂型的透气性差，砂型内气体压力大 |
| 对策 | 1）提高砂型的透气性<br>2）砂芯中设置气道<br>3）避免浇注温度过高（不超过1200℃） |

10mm

铸件外观

缺陷部位

| 缺陷名称 | F—01—FC）浇不足（misrun, short run, cold lap, cold shut） |
|---|---|
| 产品名称 | 一般机械零件 |
| 铸造法 | 湿型铸造 |
| 材质和热处理 | 灰铸铁，FC200，铸态 |
| 铸件质量 | 8.8kg |
| 缺陷状态 | 铸件的一部分残缺。缺陷边缘呈圆角。直浇道、横浇道和内浇道内充满铁液 |
| 缺陷位置 | 铸型的上部，离内浇道远的薄断面处 |
| 原因（推测） | 1）浇注温度过低<br>2）液体金属的流动性和填充性差<br>3）相对于铸件的形状内浇道截面过小<br>4）砂型的排气不充分 |
| 对策 | 1）提高浇注温度<br>2）修正内浇道的结构和尺寸<br>3）改善铸型的排气能力 |

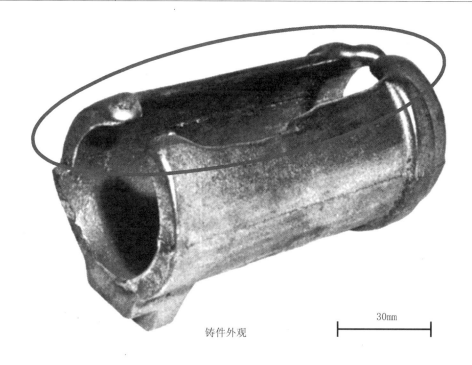

铸件外观

30mm

（（社）日本鋳造工学会・国際鋳物技術委員会編「国際鋳物欠陥分類図集」（2004）P260）

| 缺陷名称 | F—02—Al）冷隔（cold shut，cold laps） |
|---|---|
| 产品名称 | 变速箱 |
| 铸造法 | 普通压力铸造 |
| 材质和热处理 | 铝合金，ADC12，铸态 |
| 铸件质量 | 约8kg |
| 缺陷状态 | 液体金属合流处的铸件表面出现隔缝 |
| 缺陷位置 | 由铸件表面向内部延伸 |
| 原因（推测） | 1）因液体金属的温度下降或液流前沿氧化，导致在合流处两股液流未完全熔合<br>2）液体金属在浇道或型腔壁被激冷而凝固的金属片剥落并卷入铸件 |
| 对策 | 1）提高压铸型的型温和金属熔化温度<br>2）提高压射速度，缩短填充时间<br>3）修正铸件形状设计和铸造工艺，改变液流合流的位置 |

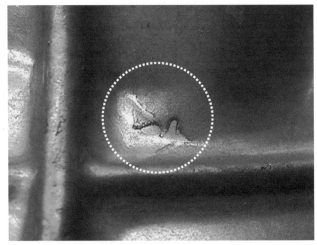

冷隔外观　　　　　　　　　　　├──10mm──┤

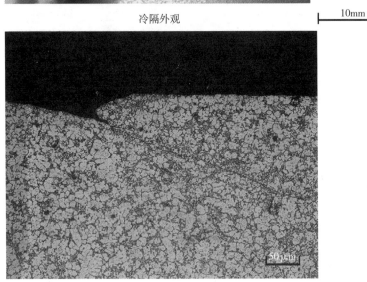

冷隔部位截面显微组织

| 缺陷名称 | F—02—FC）冷隔（cold shut，cold laps） |
|---|---|
| 产品名称 | 汽车零件 |
| 铸造法 | 湿型铸造 |
| 材质和热处理 | 灰铸铁，FC200，铸态 |
| 铸件质量 | 18.3kg |
| 缺陷状态 | 冷隔缝与表面垂直，边缘带圆角。用肉眼就能清楚地辨认缺陷。冷隔缝的深浅不一，可能较浅，也可能贯穿整个壁厚 |
| 缺陷位置 | 铸件的宽大表面，低温金属流汇合的部位 |
| 原因（推测） | 金属流的前沿温度过低，两股金属流不完全熔合或完全不熔合 |
| 对策 | 1）提高浇注温度<br>2）为防止金属流前沿温度降低，增大浇注系统的截面积，加速铁液充型速度<br>3）采取措施提高铁液的流动性 |

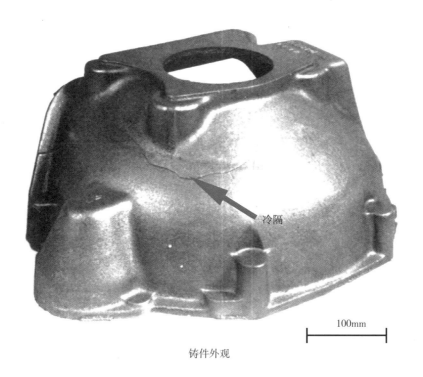

冷隔

100mm

铸件外观

（（社）日本鋳造工学会・国際鋳物技術委員会編「国際鋳物欠陥分類図集」（2004）P173）

| 缺陷名称 | F—02—FCD）冷隔（cold shut, cold laps） |
|---|---|
| 产品名称 | 发动机安装托架 |
| 铸造法 | 湿型铸造 |
| 材质和热处理 | 球墨铸铁，FCD400，铸态 |
| 铸件质量 | 2.5kg |
| 缺陷状态 | 因冷隔而形成的线条状表面缺陷 |
| 缺陷位置 | 铸件表面 |
| 原因（推测） | 1）采用了铁液合流位置不合理的铸造工艺方案<br>2）浇注速度低，铁液停流<br>3）浇注温度低，铁液合流处不熔合<br>4）冬季砂芯温度降到零下，导致浇注后铁液温度迅速降低<br>5）浇包杯口上粘附着残渣，使浇注速度降低<br>6）砂型的透气性差，型内气体压力高 |
| 对策 | 1）优化铸造工艺方案<br>2）优化浇注温度和浇注速度<br>3）清理浇包杯口<br>4）合理控制砂芯的温度<br>5）改善砂型的透气性 |

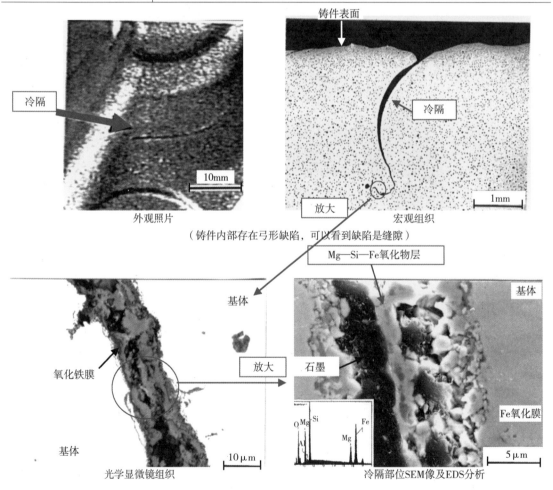

外观照片

宏观组织

（铸件内部存在弓形缺陷，可以看到缺陷是缝隙）

光学显微镜组织

冷隔部位SEM像及EDS分析

　　SEM 观察发现在铸件内部冷隔缺陷中部存在铁液在铸型内氧化生成的厚度约 1～2μm 的薄片状 Mg-Si 系氧化物

| 缺陷名称 | F—03—SC）皱皮（surface fold，gas run，elephant skin，seams，scare，flow marks） |
|---|---|
| 产品名称 | 建筑机械零件 |
| 铸造法 | 二氧化碳砂型铸造 |
| 材质和热处理 | SCW480，正火 |
| 铸件质量 | 330kg |
| 缺陷状态 | 铸件表面上形成皱痕状沟槽 |
| 缺陷位置 | 铸件的薄断面处 |
| 原因（推测） | 1）浇注温度低<br>2）液流的流量和流速低<br>3）浇注系统设计不合理<br>4）铸件壁厚变化大且缺口部位较多 |
| 对策 | 1）提高浇注温度<br>2）扩大浇包杯口，增加液体金属流量<br>3）改进工艺方案，增加液体金属流量<br>4）加大缺口部位的过渡圆角 |

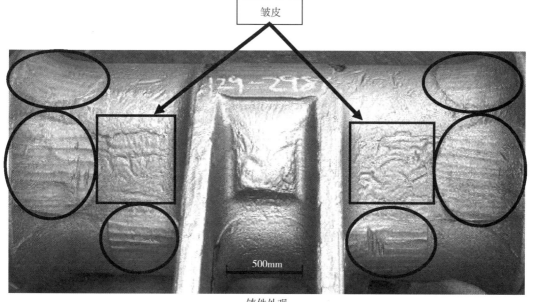

铸件外观

　　图中方框所包围的区域中，皱痕状沟槽即为皱皮；图中椭圆框所包围的区域是气割冒口后留下的割痕。比较这两种沟槽可知，皱皮没有方向性，而气割痕相互平行且有方向性。根据这一特征可以区别两种缺陷

| 缺陷名称 | F—04—FC）漏箱（runout，break-out，bleeder） |
|---|---|
| 产品名称 | 汽车零件 |
| 铸造法 | 湿型铸造 |
| 材质和热处理 | 灰铸铁，FC200，铸态 |
| 铸件质量 | 1.2kg |
| 缺陷状态 | 铸件的一部分残缺，上表面往往凹陷，其周围边缘形成尖锐飞翅。在厚壁铸件内部也可能存在这种残缺 |
| 缺陷位置 | 一般出现在铸件上部 |
| 原因（推测） | 1）砂型封箱不当，上下箱之间有缝隙<br>2）砂芯安放不正常<br>3）砂箱夹紧不良或压铁质量不足<br>4）模板磨损严重，合箱后有缝隙<br>5）开箱过早 |
| 对策 | 1）合箱时防止上下箱之间出现缝隙<br>2）正确安放砂芯，正确夹紧铸型<br>3）根据浇注质量正确选择压铁质量<br>4）等完全凝固后再开箱<br>5）使用正常的模板 |

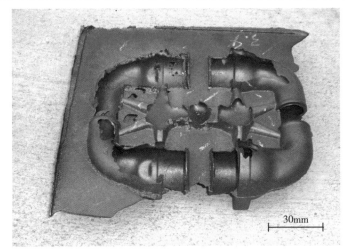

30mm

有缺陷铸件

30mm

正常铸件

| 缺陷名称 | F—04—SC）漏箱（runout，break-out，bleeder） |
|---|---|
| 产品名称 | 汽车零件<br>货车零件 |
| 铸造法 | 湿型铸造 |
| 材质和热处理 | 汽车零件：SC450，退火<br>货车零件：SCMn2，正火 |
| 铸件质量 | 汽车零件：104kg<br>货车零件：133kg |
| 缺陷状态 | 铸件上部残缺一部分形状，残缺部表面凹凸不平 |
| 缺陷位置 | 铸型分型面以上，铸件上部 |
| 原因（推测） | 1）夹紧装置磨损，夹紧不良和砂箱变形<br>2）砂芯和芯座的强度不足<br>3）起模时碰坏砂型<br>4）芯座与芯头的间隙过大 |
| 对策 | 1）利用专用胎具定期检查夹紧装置及砂箱的磨损情况，及时更换或修理<br>2）增加砂芯中粘结剂的配比，调整通气孔的位置和数量<br>3）增大起模斜度，防止起模时碰坏砂型<br>4）减小芯头与芯座的间隙 |

主型泄漏（汽车零件）　　　　　　　　　　　型芯泄漏（货车零件）

铸件外观

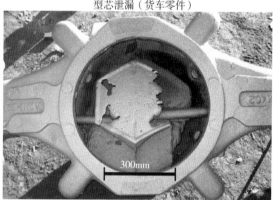

铸件外观

缺陷部位放大

　　仅从缺损部位形状看，漏箱缺陷与未浇满相似，不易区分。漏箱的场合，与铸型接触的部分已经凝固，而在内部还未凝固的情况下液体泄漏，使铸件上表面下降，所以表面呈凹凸不平。未浇满的场合，液体金属并不下降，均匀凝固，所以表面平滑。仔细观察才能区分两种缺陷

| 缺陷名称 | F—05—FC）未浇满（short pours，short run，poured short） |
|---|---|
| 产品名称 | 汽车零件 |
| 铸造法 | 湿型铸造 |
| 材质和热处理 | 灰铸铁，FC200，铸态 |
| 铸件质量 | 6.2kg |
| 缺陷状态 | 铸件上部形状不完整，残缺部位边缘呈圆角 |
| 缺陷位置 | 铸件上部 |
| 原因（推测） | 浇包中铁液量不足，砂型未填满 |
| 对策 | 比较浇满砂型所需的铁液量和浇包的容量，确认能够浇满后再浇注 |

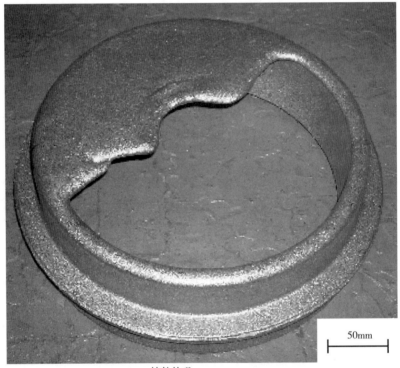

50mm

铸件外观

| 缺陷名称 | F—05—FCD）未浇满（short pours，short run，poured short） |
|---|---|
| 产品名称 | 汽车零件 |
| 铸造法 | 湿型铸造 |
| 材质和热处理 | 球墨铸铁，FCD450，铸态 |
| 铸件质量 | 3.2kg |
| 缺陷状态 | 铸件形状不正确 |
| 缺陷位置 | 铸件上部 |
| 原因（推测） | 因浇注量不足或塌型等原因，铁液未能充满型腔 |
| 对策 | 1）调整铁液浇注量<br>2）调整芯座与芯头的尺寸，防止塌型。为防止铁液从芯座渗出，采用密封环也是一种有效的方法 |

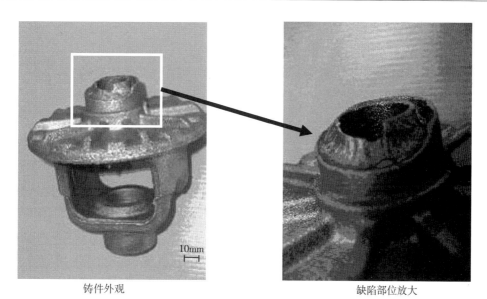

铸件外观                                        缺陷部位放大

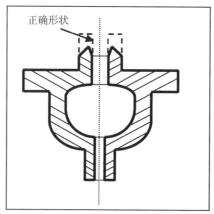

109

| | |
|---|---|
| 缺陷名称 | F—05—SC）未浇满（short pours，short run，poured short） |
| 产品名称 | 建筑机械零件 |
| 铸造法 | 湿型铸造 |
| 材质和热处理 | SCMn2，正火 |
| 铸件质量 | 148kg |
| 缺陷状态 | 铸件上部形状不完整，残缺部位边缘呈圆角 |
| 缺陷位置 | 分型面以上铸件上部 |
| 原因（推测） | 浇注的液体金属量不足，具体原因有<br>1）浇包衬比标准尺寸厚<br>2）浇包杯口形状不好<br>3）铸件质量计算不正确 |
| 对策 | 1）浇包衬厚度要符合标准<br>2）修好浇包杯口形状<br>3）正确计算铸件质量并相应地增加浇注金属的量 |

正常铸件

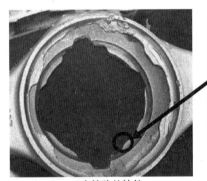

形状残缺部位

有缺陷的铸件

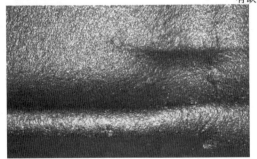

残缺处放大

由于金属液未填满型腔，铸件形状不完整的缺陷叫做未浇满。未浇满和漏箱这两种缺陷不太容易区别，形状残缺部位边缘呈圆角是判断未浇满缺陷的重要特征

| | |
|---|---|
| 缺陷名称 | F—06—Al）气孔（blowholes，blow） |
| 产品名称 | 轮毂 |
| 铸造法 | 低压铸造 |
| 材质和热处理 | 铝合金，AC4CH，T6 |
| 铸件质量 | 7kg |
| 缺陷状态 | 铸件的部分表面上形成痘痕状凹坑 |
| 缺陷位置 | 加工基准部位 |
| 原因（推测） | 　　由于金属型温度或液体金属温度低，金属流动性差，液体金属与金属型之间局部未紧密接触，排气不畅 |
| 对策 | 提高金属型温度或液体金属温度，保证金属良好的流动性 |

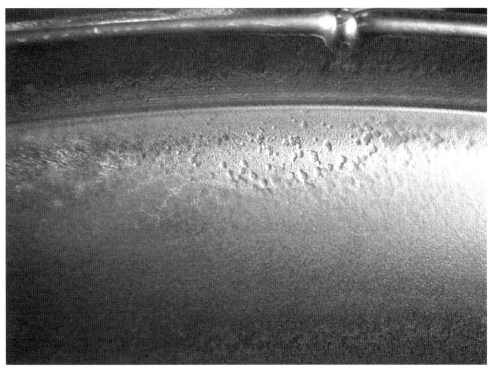

气孔外观

10mm

| 缺陷名称 | F—07—FC）胀砂（swell） |
|---|---|
| 产品名称 | 卫生洁具零件 |
| 铸造法 | 湿型铸造 |
| 材质和热处理 | 灰铸铁，FC250，铸态 |
| 铸件质量 | |
| 缺陷状态 | 铸件表面和皮下生成浅的气泡，铸件表皮覆盖这些气泡，结果表皮鼓出而高于正常表面 |
| 缺陷位置 | |
| 原因（推测） | 1）砂型硬度太高<br>2）型砂水分太大 |
| 对策 | 1）根据铸件形状和大小实施适当的紧实，使砂型保持适当的硬度<br>2）仔细控制型砂的水分<br>3）排气要充分 |

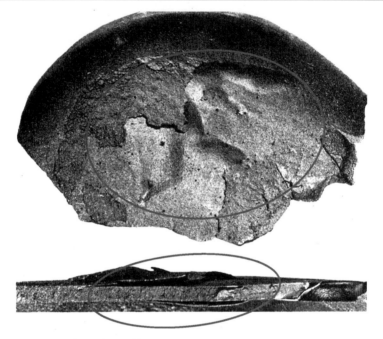

卫生洁具零件表面鼓胀
（紧实过度，型砂水分过多而产生的缺陷）

表面鼓胀

（因砂型过硬而产生的缺陷，落砂和清理后显现）

（米国鋳物協会編・日本鋳物協会訳「鋳物不良の原因と対策」（1955）（丸善株式会社）P17）

| 缺陷名称 | F—08—Cu）飞翅（fins，joint flash） |
|---|---|
| 产品名称 | 泵件 |
| 铸造法 | 湿型铸造 |
| 材质和热处理 | 铸造青铜，CAC406 |
| 铸件质量 | 0.25kg |
| 缺陷状态 | 液体金属渗入砂型分型面或芯头与芯座的间隙而形成的飞翅 |
| 缺陷位置 | 砂型分型面和芯头与芯座的间隙 |
| 原因（推测） | 1）压铁质量不足<br>2）分型面上上下铸型接触面积小<br>3）芯头与芯座的间隙过大 |
| 对策 | 1）增加压铁质量<br>2）减小芯头与芯座的间隙 |

飞翅

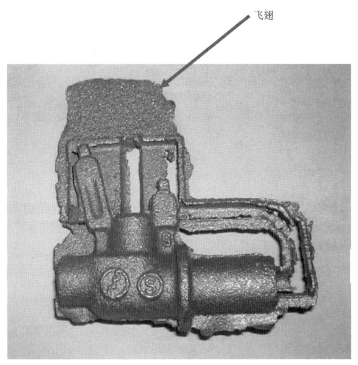

10mm

铸件外观

| | |
|---|---|
| 缺陷名称 | F—09—FCD）两重皮（plate） |
| 产品名称 | 液压阀 |
| 铸造法 | 湿型铸造（壳型砂芯） |
| 材质和热处理 | 球墨铸铁，铸态 |
| 铸件质量 | 80kg |
| 缺陷状态 | 铸件内表面上粘附着一层片状石墨的铸铁薄皮 |
| 缺陷位置 | 铸件内部细径铸造孔 |
| 原因（推测） | 因收缩或气体等原因，凝固表面与砂芯之间产生间隙，此后共晶凝固时金属液沿此间隙涌出而形成附加表皮 |
| 对策 | 1）确定合适的孕育剂量，避免过度孕育<br>2）改进冒口系统<br>3）改善砂芯的排气<br>4）严格控制碳当量 |

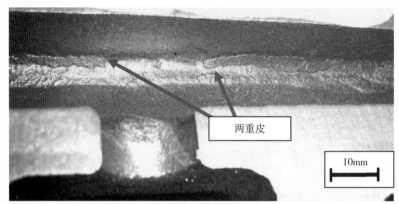

两重皮外观（截面）

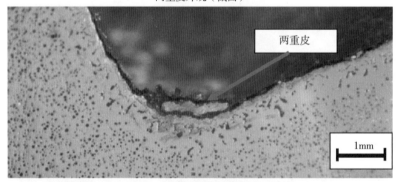

两重皮低倍照片

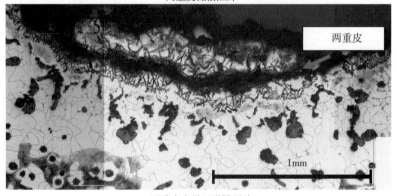

两重皮光学显微镜照片

| 缺陷名称 | F—10—FCD）漏芯（mold drop, stiker） |
|---|---|
| 产品名称 | 汽车零件 |
| 铸造法 | 湿型铸造 |
| 材质和热处理 | 球墨铸铁，FCD450，铸态 |
| 铸件质量 | 3.8kg |
| 缺陷状态 | 铁液渗入中空砂芯内部，在铸件的空心部位形成金属块 |
| 缺陷位置 | 铸件空心部位 |
| 原因（推测） | 因塌型等原因，铁液从砂芯的排砂口渗入砂芯内<br>因砂芯加热温度低、时间短（加热不足），砂芯壁厚变薄甚至受损，铁液渗入砂芯内部 |
| 对策 | 1）保证砂型不破坏<br>2）避免横浇道靠近砂芯排砂口<br>3）采用合适的加热条件 |

有缺陷铸件

有缺陷铸件

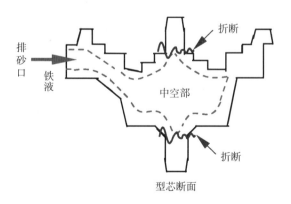

型芯断面

正常铸件

| 缺陷名称 | F—11—Al）挤出型冷豆，出汗（extruded bead，exudation） |
|---|---|
| 产品名称 | 变速箱 |
| 铸造法 | 普通压力铸造 |
| 材质和热处理 | 铝合金，ADC12，铸态 |
| 铸件质量 | 4kg |
| 缺陷状态 | 铸件表面生成金属小球 |
| 缺陷位置 | 铸件表面 |
| 原因（推测） | 压铸模的内角处传热慢，此处温度上升，凝固推迟。当压力逐渐增加时，铸件内部溶质质量分数高的金属液沿铸型与铸件之间因金属凝固收缩产生的缝隙挤到铸件表面后凝固成金属小球 |
| 对策 | 1）提高压铸模内角处的冷却速度<br>2）降低金属液的温度<br>3）降低铸造压力，调整加压时间 |

冷豆部位

冷豆部位外观

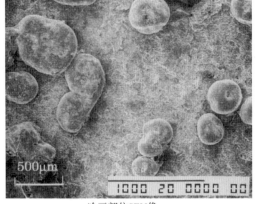

冷豆部位SEM像

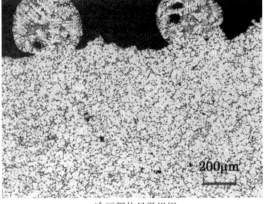

冷豆部位显微组织

| 缺陷名称 | F—11—FCD）铁豆（internal sweating, cold short, short iron） |
|---|---|
| 产品名称 | 汽车零件 |
| 铸造法 | 湿型铸造 |
| 材质和热处理 | 球墨铸铁 |
| 铸件质量 | 5kg |
| 缺陷状态 | 铸件内部存在边缘模糊的金属豆 |
| 缺陷位置 | — |
| 原因（推测） | 1）铸造工艺不当，浇注速度太快，最初浇入的铁液溅入型腔并激冷成金属豆，之后被后来的铁液包围，边缘重熔<br>2）发生二次浇注（中间断流）。先浇注的铁液产生溅疤，激冷成金属豆，之后被第二次浇注的铁液包围 |
| 对策 | 1）改进铸造工艺，避免初期铁液流速过快，避免发生紊流，保证平稳流动<br>2）提高操作工人的技术，避免二次浇注。自动浇注时要调整设备，保证无断流、平稳浇注 |

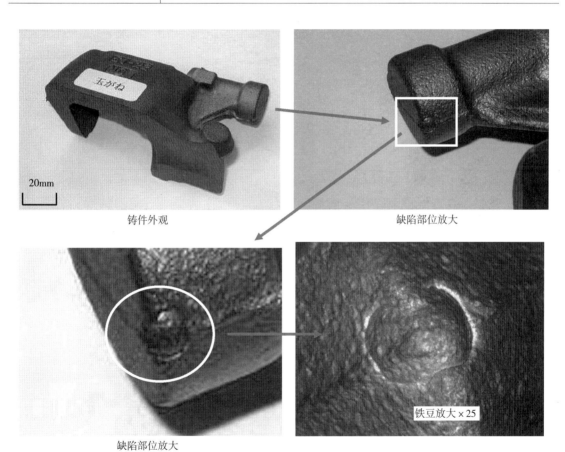

铸件外观

缺陷部位放大

缺陷部位放大

铁豆放大×25

| 缺陷名称 | F—12—Cu）外渗物（sweating），磷化物渗豆（phosphide sweat），铅渗豆（lead sweat），锡渗豆（tin sweat） |
|---|---|
| 产品名称 | 铜合金铸件的冒口 |
| 铸造法 | 自硬性砂型（呋喃型） |
| 材质和热处理 | 铸造青铜，CAC402 |
| 铸件质量 | 浇注质量：约1200kg |
| 缺陷状态 | 凝固末期在冒口外周形成小块状凸起 |
| 缺陷位置 | 冒口外壁 |
| 原因（推测） | 铸件内部未凝固的金属液在凝固收缩压力和内部气体压力作用下被压到外表面 |
| 对策 | 1）充分除气<br>2）降低浇注温度 |

200mm

## G）型芯缺陷

| | |
|---|---|
| 缺陷名称 | G—01—FC）砂芯断裂（broken core，crushed core） |
| 产品名称 | 汽车零件 |
| 铸造法 | 湿型铸造 |
| 材质和热处理 | 灰铸铁，FC150，铸态 |
| 铸件质量 | 3.6kg |
| 缺陷状态 | 细长的砂芯断裂，导致铸件空心部位被金属填充 |
| 缺陷位置 | 细长砂芯 |
| 原因（推测） | 1）砂芯制作过程中产生裂纹<br>2）砂芯粘接过程中产生裂纹<br>3）砂芯搬运过程中产生裂纹<br>4）下芯过程中发生断裂<br>5）浇注时受热冲击而断裂 |
| 对策 | 1）使用未开裂或断裂的砂芯<br>2）提高砂芯的强度<br>3）埋设芯骨<br>4）设计金属液不直接冲击砂芯的工艺方案 |

缺陷部位

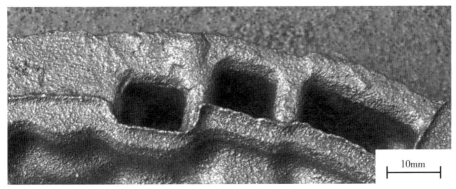

正常部位

| 缺陷名称 | G—01—FCD）砂芯断裂（broken core, crushed core） |
|---|---|
| 产品名称 | 汽车零件 |
| 铸造法 | 湿型铸造 |
| 材质和热处理 | 球墨铸铁，FCD450，铸态 |
| 铸件质量 | 3.2kg |
| 缺陷状态 | 铁液进入砂芯断裂处，形成多余的形状 |
| 缺陷位置 | 砂芯的强度较低的部位 |
| 原因（推测） | 1）壳芯法制芯时烘烤不足<br>2）制芯过程中或制芯后砂芯开裂<br>3）已开裂的砂芯在金属液压力下折断 |
| 对策 | 1）改善烘烤工艺（如烘烤不足，应加长烘烤时间）<br>2）仔细检查砂芯状态，以免使用开裂的砂芯<br>3）受金属液浮力的砂芯，要设计适合的芯头形状 |

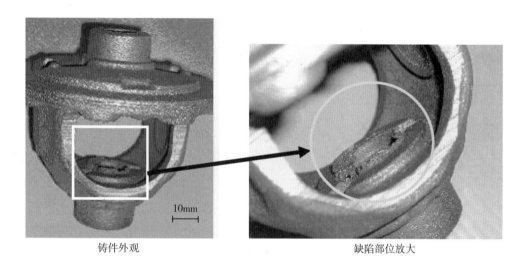

铸件外观　　　　　　　　　　　　　　　缺陷部位放大

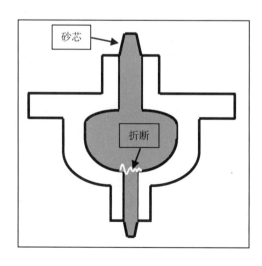

120

| 缺陷名称 | G—01—SC）砂芯断裂（broken core, crushed core） |
|---|---|
| 产品名称 | 建筑机械零件 |
| 铸造法 | 湿型铸造 |
| 材质和热处理 | SC450，退火 |
| 铸件质量 | 52kg |
| 缺陷状态 | 产品的内孔被堵塞 |
| 缺陷位置 | 芯面 |
| 原因（推测） | 1）砂芯中粘结剂配比少，砂芯强度低<br>2）芯头与芯座的尺寸不一致，导致钢水渗入<br>3）砂芯紧实不良，强度不足<br>4）芯骨的强度不足 |
| 对策 | 1）增加砂芯中粘结剂的配比，提高砂芯强度<br>2）调整芯头与芯座的尺寸<br>3）追加通气孔<br>4）加粗芯骨的直径 |

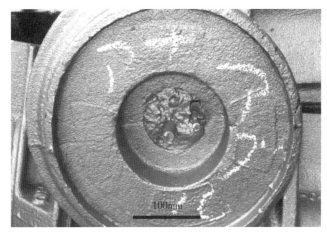

缺陷铸件外观

正常铸件外观

比较正常铸件和有缺陷铸件可以看出，有缺陷铸件的内孔被金属填充，内孔不贯通铸件。原本应当用砂芯形成完整的内孔形状，因砂芯折断，金属液流进了内孔

| 缺陷名称 | G—02）砂芯下垂，砂芯弯曲（sag core, deformed core） |
|---|---|
| 产品名称 | |
| 铸造法 | |
| 材质和热处理 | |
| 铸件质量 | |
| 缺陷状态 | 砂芯强度不足，受自重而下垂 |
| 缺陷位置 | 砂芯 |
| 原因（推测） | 1）砂芯强度不足<br>2）芯骨埋设不当<br>3）砂芯过长 |
| 对策 | 1）提高砂芯强度<br>2）正确埋设芯骨<br>3）缩短砂芯长度 |

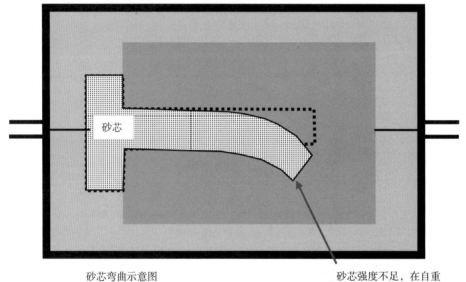

砂芯弯曲示意图

砂芯强度不足，在自重
作用下弯曲

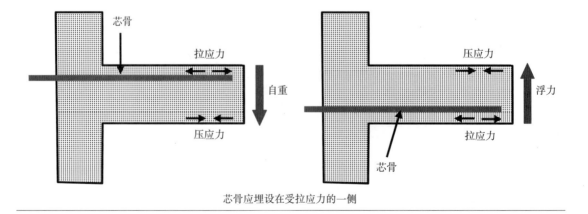

芯骨应埋设在受拉应力的一侧

| 缺陷名称 | G—03—Al）壁厚不均（shifted core，core raise，raised core，mold element cutoff） |
|---|---|
| 产品名称 | 泵体 |
| 铸造法 | 普通压力铸造 |
| 材质和热处理 | 铝合金，ADC12，铸态 |
| 铸件质量 | 约5kg |
| 缺陷状态 | 铸件的局部尺寸不符合图样要求 |
| 缺陷位置 | 型芯周围 |
| 原因（推测） | 型芯的尺寸有错误 |
| 对策 | 1）防止模具加工错误<br>2）仔细检查模具的加工尺寸 |

铸件外观

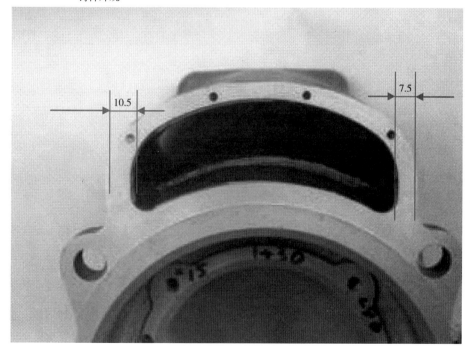

偏厚部位放大

| 缺陷名称 | G—04—FC）反飞翅（fillet scab，fillet vein） |
|---|---|
| 产品名称 | 汽车零件 |
| 铸造法 | 湿型铸造 |
| 材质和热处理 | 灰铸铁，FC200，铸态 |
| 铸件质量 | 4.3kg |
| 缺陷状态 | 砂芯有飞翅，铸件的相应部位出现向内凹进去的反飞翅 |
| 缺陷位置 | 砂芯的分型面 |
| 原因（推测） | 1）制芯后未去除飞翅<br>2）去除飞翅不彻底<br>3）制芯用金属型变形导致砂芯带飞翅 |
| 对策 | 1）彻底去除砂芯的飞翅<br>2）注意制芯用金属型的加热方法和金属型刚度 |

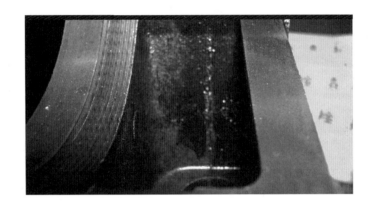

| | |
|---|---|
| 缺陷名称 | G—05—SC）飞翅片（fins） |
| 产品名称 | 货车零件 |
| 铸造法 | 湿型铸造 |
| 材质和热处理 | SCMn2，正火 |
| 铸件质量 | 164kg |
| 缺陷状态 | 铸件表面上粘附着一层薄片状飞翅 |
| 缺陷位置 | 砂型面和砂芯面等任何位置 |
| 原因（推测） | 1）砂芯中粘结剂的配比少，砂芯强度不足<br>2）涂料的粒度大<br>3）砂芯和砂型的紧实度不足，型芯强度低 |
| 对策 | 1）增加粘结剂的配比，提高砂芯强度<br>2）增加涂料的稠度和涂布厚度<br>3）追加通气孔 |

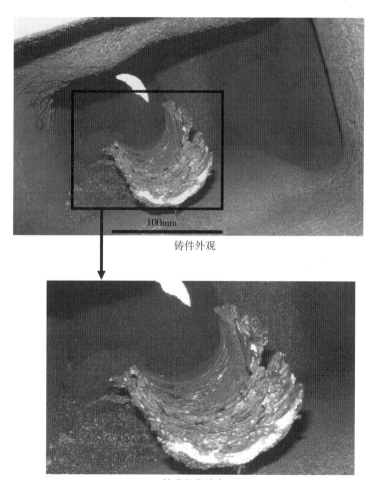

100mm

铸件外观

缺陷部位放大

　　飞翅片可以在型面和芯面的任何位置形成。本例中的飞翅片在芯面上，是由于芯面的局部砂型紧实度不够，金属液渗入其中后凝固而成为飞翅状薄片

| 缺陷名称 | G—06—FC）舂砂不良（dip coast spall，scab） |
|---|---|
| 产品名称 | 汽车零件 |
| 铸造法 | 湿型铸造 |
| 材质和热处理 | 灰铸铁，FC200，铸态 |
| 铸件质量 | 11.8kg |
| 缺陷状态 | 由型芯形成的铸件内腔壁上出现型砂和金属混合的凸起物 |
| 缺陷位置 | 砂芯的紧实度低的部位 |
| 原因（推测） | 铁液渗入砂芯的紧实度低的部位，与型砂混合并粘附在型腔壁。 |
| 对策 | 1）调整气流冲击造型机的分流器，使砂芯的紧实度更均匀<br>2）使用流动性更好的型砂<br>3）在紧实度低的部位涂以涂料 |

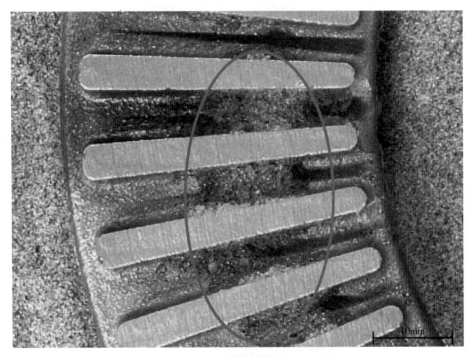

缺陷部位放大

| 缺陷名称 | G—07—SC）偏芯（core shift） |
|---|---|
| 产品名称 | 汽车零件 |
| 铸造法 | 湿型铸造 |
| 材质和热处理 | SC450，退火 |
| 铸件质量 | 101kg |
| 缺陷状态 | 砂芯偏移导致铸件壁厚不均甚至出现透孔 |
| 缺陷位置 | 芯面 |
| 原因（推测） | 1）芯头与芯座之间的间隙过大<br>2）二氧化碳硬化时，为起芯容易，在吹入二氧化碳之前松动芯盒，在此过程中砂芯尺寸缩小 |
| 对策 | 1）调整芯头与芯座之间的间隙<br>2）通过松动量的标准化，提高造型工人的技能 |

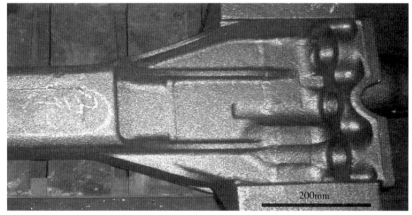

正常铸件外观

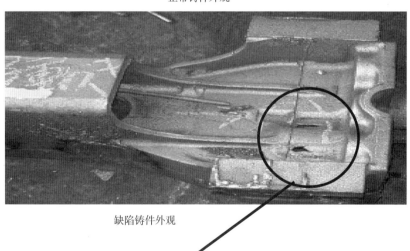

缺陷铸件外观

因芯头与芯座之间的间隙过大，砂芯偏移，导致如图所示的铸件壁厚过薄甚至透孔的缺陷

| 缺陷名称 | G—07—SC）偏芯（core shift） |
|---|---|
| 产品名称 | 建筑机械零件 |
| 铸造法 | 湿型铸造 |
| 材质和热处理 | SC450，退火 |
| 铸件质量 | 130kg |
| 缺陷状态 | 因砂芯偏斜导致铸件壁厚不均（壁厚与壁薄） |
| 缺陷位置 | 芯面 |
| 原因（推测） | 1）芯头与芯座之间的间隙过大<br>2）二氧化碳硬化时，为起芯容易，在吹入二氧化碳之前松动芯盒，在此过程中砂芯尺寸缩小 |
| 对策 | 1）调整芯头与芯座之间的间隙<br>2）通过松动量的标准化，提高造型工人的技能 |

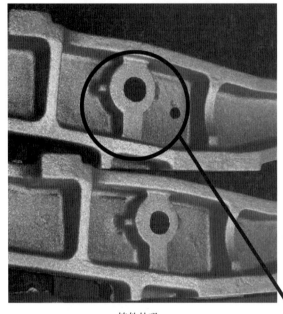

铸件外观

200mm

缺陷部位放大

　　从缺陷部位放大图中可以看出，中心部位孔向右偏移，孔的右侧壁薄（欠肉），左侧壁厚（多肉）。原因很简单，就是砂芯向右偏移

# 历史话题（2）　奈良大佛

金属的加工方法很多，铸造也是其中之一。铸造时必须首先熔化金属，所以人们可能认为铸造的起源比其他加工方法要晚一些。但其实不然。据记载，在中国和埃及早在公元前2500年已经生产了铸件[一]，到了公元前1100年铸造出了钱币[三]。当年能够铸造的秘密在于铸造材料的熔点。也就是说当时铸造的是用木材或木炭的燃烧热就能熔化的金属。从古至今青铜用来铸造佛像，铸铁用来铸造茶锅，钢用来铸造日本刀。以钢作为铸造材料的铸钢生产是由 James Wood 于1812年开始的[三]，而且当时铸钢主要用来制造加农炮（过去使用的大炮）。

在日本，具有代表性的古代铸件有铜铎、铜镜和梵钟以及烧茶用锅等，尤其是要特别提到于公元708年铸造的钱币（和同开尔）和奈良大佛。奈良大佛从公元747年开始到749年，历经3年，由下而上分8次铸造完成。

据香取[四]和石野[二五]考证，大佛的铸造是通过如下过程完成的。首先用石材、粘土和木材制造许多大柱，利用这些柱子构建如图（2）-1所示的大佛的骨架。然后用麻绳缠绕骨架后涂抹一层厚厚的铸型粘土，经过修整而成为大佛的原型。在原型的外表面再抹一层铸型粘土，将此粘土层剥离出来，作为外型。剥离出外型后的原型在其外表面上刮掉一层粘土后便成为内型。将外型套在内型外并设置支撑架（型撑），以确保内外型之间的均匀间隙。最后将熔融金属液浇入内外型之间的间隙，就完成了第一层铸造。将上述操作由下而上重复8次，最终完成了整个大佛的铸造工程。大佛质量达250t，所以一次需要浇注熔融铜合金约40t。

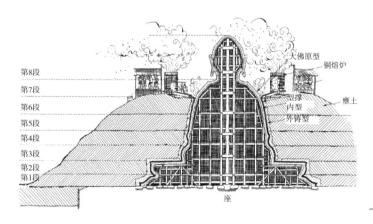

图（2）-1　奈良大佛制作过程的想象图[四五]

图（2）-2　大佛铸造当时
工地的想象图

⊖　鋳物のおはなし：加山延太郎著，日本規格協会，1985
㊀　鋳物五千年の足跡：石野　亨著，日本鋳物工業新聞社，1994
㊂　History Cast in Metal Vol.1：Clyde A. Sanders and Dudley C. Gould, Cast Metals Inst. AFS 1976，p448
㊃　奈良の大仏：香取忠彦，草思社，1984
㊄　奈良の大仏をつくる，図説・日本の文化をさぐる（3）：石野　亨，小峰書店，1983

因为分 8 次完成整个铸件，所以两次浇注的连接部位的熔合是令人担心的。为此，利用如图所示的巧妙的铸造连接手法（图（2）-3），提高了连接部位的可靠性。可以想象，研究并实现这一手法的过程中肯定经历过多次失败，通过不懈的努力最终解决了这一难题。古人在铸造方面的智慧由此可见一斑。

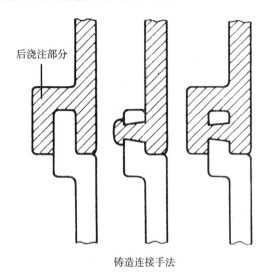

铸造连接手法

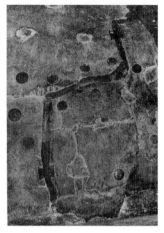

从大佛内部看到的连接部位的可靠性

图（2）-3　奈良大佛的铸造连接结构

铸造连接结构解决了上下两段的连接问题。为了保证铸件壁厚均匀，利用了型撑。利用型撑保证正确的壁厚是现在也常用的方法。图（2）-4 中的中图和右图分别显示型撑熔合不良和熔合良好[一]。除此而外，铸造工作者饶有兴趣的是在大佛内可以看到各种铸造缺陷以及对缺陷进行修补的痕迹。

利用型撑　　　　　型撑熔合不良（脱落）　　　　型撑熔合良好

图（2）-4　型撑

以下从工程学的角度考察大佛的铸造过程。如图（2）-1，图（2）-2 所示，熔化金属用的是冲天炉。为了短时间内熔炼 40t 的金属，必须同时开动 40 座以上每小时熔炼 1t 金属的冲

　　[一]　東大寺大佛的研究：前田泰氏，西大由，松山铁夫，户津圭之，平川晋吾，岩波书店，1997。

天炉。一小时熔炼 1t 金属的冲天炉需要配备功率为 5 马力的鼓风机<sup>⊖</sup>。1 马力（PS）以一匹马的力量作为标准，并用下式表示。

$$1PS = 75kg/s = 735.5W$$

根据这个数据简单的考虑一下 1 马力的意义。1 马力相当于一个体重 75kg 的人以 1m/s 的速度向上攀登所需的力，这也相当于普通成人在 1h（=3600s）内从富士山的山脚登顶所需的力。有登山经验的人就能体会到这个力的大小。以普通人的腿力，1h 登山 300m 就接近极限，所以普通人的腿力是约 1/12 马力。如此计算就可以推测，用人力完成一台 5 马力电动机所作的功就需要 60 人，而开动 40 座冲天炉共需要 2400 人。此外，还需要向炉内投入炉料的人和搬运熔融金属的人，再加上伙夫等人力，总共需要 5000 名以上的人力。奈良大佛确实是一项庞大的工程，是一项举国大事业。遗憾的是大佛建造后曾多次发生火灾而受到破坏，现存的只有最下面的台座是当年建造的，其余部分都是后来重建的。

---

⊖　鋳物便覧：日本鋳物協会編，丸善，1952，p182

## H）表面缺陷

| | |
|---|---|
| 缺陷名称 | H—01—Al）粘型（fusion） |
| 产品名称 | 箱体 |
| 铸造法 | 低速填充压力铸造 |
| 材质和热处理 | 铝合金，ADC12，铸态 |
| 铸件质量 | 1.2kg |
| 缺陷状态 | 因液体金属与压铸模发生相互作用，铸件局部呈凹凸不平的粗糙表面 |
| 缺陷位置 | 铸件表面 |
| 原因（推测） | 1）压铸模的不易散热和冷却不足的部位发生过热，液体金属与铸型材料相互作用，形成合金层并在顶出铸件时撕脱<br>2）铝液附着在压铸模表面划痕、龟裂、热裂等部位，与压铸模材料发生反应，生成的合金粘附在铸型上<br>3）铝液附着在铸型表面缺陷部位，与铸型反应而发生粘附 |
| 对策 | 1）优化铸造条件（熔化温度、铸造压力、压射速度和铸模温度等）<br>2）优化铸件的形状<br>3）使用高温附着性好的脱模剂<br>4）改变合金成分，添加 Fe、Mn 等合金元素<br>5）改变铸型和推杆的材质，实施适当的表面处理 |

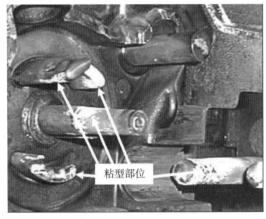

发生粘型的压铸模

粘型部位

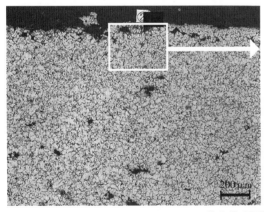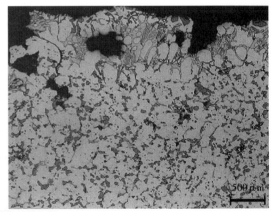

发生粘型的铸件显微组织

132

| 缺陷名称 | H—01—FC）化学粘砂（burn on, sand burning, burn in） |
|---|---|
| 产品名称 | 托架 |
| 铸造法 | 消失模铸造 |
| 材质和热处理 | 灰铸铁，FC300，铸态 |
| 铸件质量 | 90kg（300mm×300mm×100mm） |
| 缺陷状态 | 铁液渗入砂型表面型砂中。一般在砂型或砂芯与高温铁液接触的部位或紧实度不足的部位发生 |
| 缺陷位置 | 热容量高的部位或紧实度低的部位 |
| 原因（推测） | 1）型砂的粒度太大<br>2）型砂的耐火度低<br>3）舂砂不足，紧实度低<br>4）浇注温度过高<br>5）液体压力太大<br>6）在铸钢的情况下生成铁橄榄石 |
| 对策 | 1）在保证透气性的条件下尽量用细砂<br>2）在不发生气孔缺陷的范围内尽量提高型砂烧损量<br>3）提高型砂的耐火度（减少 Na、K 的含量）<br>4）降低浇注温度<br>5）添加氧化铁<br>6）刷涂料<br>7）使用铬砂、硅砂和人工砂等耐火度高的型砂 |

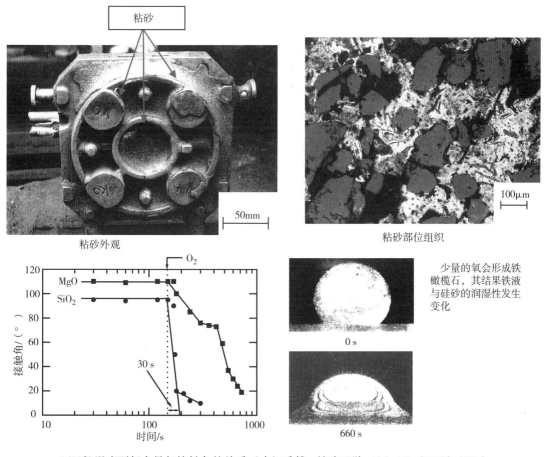

粘砂

粘砂外观

粘砂部位组织

少量的氧会形成铁橄榄石，其结果铁液与硅砂的润湿性发生变化

0 s

660 s

1600℃温度下氧含量与接触角的关系（中江秀雄，鑄造工学，Vol. 71（1999）P28）

| 缺陷名称 | H—01—FCD）化学粘砂（burn on, sand burning, burn in） |
|---|---|
| 产品名称 | 曲轴 |
| 铸造法 | 壳型铸造（主型：壳型；砂芯：无） |
| 材质和热处理 | 球墨铸铁，FCD650 |
| 铸件质量 | 12.5kg |
| 缺陷状态 | 凝固表面上有粘砂 |
| 缺陷位置 | 壳型铸型表面 |
| 原因（推测） | 利用 SEM 可观察到缺陷部位粘附着一层熔融的砂。EPMA 面分析表明，Fe—Si 和 Mn—Si 的分布重叠，说明砂的表面存在少量的 FeO 和 MnO。据此可以推测，因铁液氧化形成低熔点熔渣，使铁液与砂粒的润湿性发生变化，铁液渗入砂型表面。这是介于热粘砂和化学粘砂之间的一种粘砂形式 |
| 对策 | 1）使用耐火度高的硅砂<br>2）防止铁液氧化 |

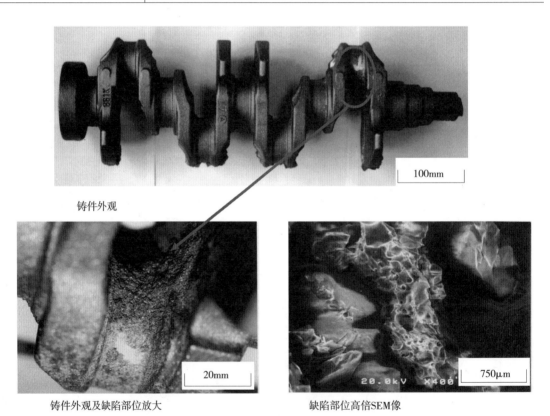

铸件外观

铸件外观及缺陷部位放大

缺陷部位高倍SEM像

| 缺陷名称 | H—01—SC）粘砂（化学粘砂，热粘砂）（burn on, sand burning, burn in, penetration） |
|---|---|
| 产品名称 | 货车零件 |
| 铸造法 | 湿型铸造 |
| 材质和热处理 | SCMn2，正火 |
| 铸件质量 | 133kg |
| 缺陷状态 | 铸件表面上粘附一层砂 |
| 缺陷位置 | 砂型面和芯面等任何位置 |
| 原因（推测） | 1）浇注温度高<br>2）铁液与砂型发生反应<br>3）型砂的耐火度低<br>4）铁液渗入砂粒的间隙 |
| 对策 | 1）降低浇注温度<br>2）增加脱氧剂的添加量<br>3）改用硅砂和含陶瓷的人工砂等耐火度高的砂<br>4）使用粒度小的细砂，砂芯要刷涂料 |

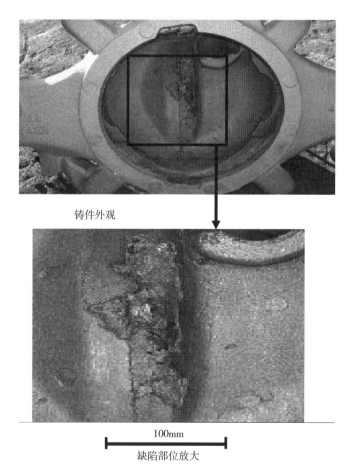

铸件外观

100mm

缺陷部位放大

上图中在平滑的表面上粘附的是砂和金属（钢），在芯面上发生。这种粘砂是由于砂芯的紧实不良，金属液渗入砂芯表面，与砂反应并烧结而成

| 缺陷名称 | H—02—FC）机械粘砂（penetration，metal penetration） |
|---|---|
| 产品名称 | 家电零件 |
| 铸造法 | 湿型铸造 |
| 材质和热处理 | 灰铸铁，FC200，铸态 |
| 铸件质量 | 13.6kg |
| 缺陷状态 | 铁液和砂混合后凝固的块状凸起。一般在砂型或砂芯与高温铁液接触的部位或紧实度低的部位发生。硅砂和金属液的界限分明 |
| 缺陷位置 | 被强烈加热的部位（砂芯和砂型的突出部位） |
| 原因（推测） | 1）型砂的粒度太大<br>2）型砂的耐火度低<br>3）舂砂不足，紧实度低<br>4）浇注温度过高<br>5）液体压力太大 |
| 对策 | 1）在保证透气性的条件下尽量用细砂<br>2）对砂型和砂芯进行均匀高强度的紧实<br>3）提高型砂的耐火度（减少 Na、K 的含量）<br>4）降低浇注温度<br>5）砂型中添加氧化铁<br>6）刷涂料 |

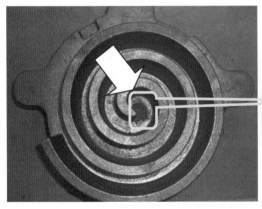

铸件外观  100mm

缺陷部位放大  20mm

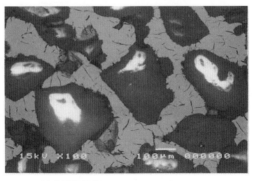

粘砂部位组织

300μm

| 缺陷名称 | H—02—FCD）机械粘砂（penetration，metal penetration） |
|---|---|
| 产品名称 | 汽车零件 |
| 铸造法 | 湿型铸造 |
| 材质和热处理 | 球墨铸铁，FCD400，铸态 |
| 铸件质量 | 4.5kg |
| 缺陷状态 | 铸件表面局部凸起 |
| 缺陷位置 | 砂型的深岛状部位等砂的填充不良部分 |
| 原因（推测） | 砂的填充不良，铁液渗入砂粒之间 |
| 对策 | 1）优化型砂的特性（抗压强度、紧实度、水分、透气性等）<br>2）调整砂从漏斗投入的速度（保证砂型上部的填充）<br>3）铸型设计方面，调整砂型的结构，增加通气孔<br>4）造型方面，调整气流冲砂紧实的气流量，机械造型时调整紧实压力 |

铸件外观

10mm

缺陷部位放大

137

| 缺陷名称 | H—03—SC）夹砂结疤（scabs，expansion scabs，corner scabs） |
|---|---|
| 产品名称 | 货车零件 |
| 铸造法 | 湿型铸造 |
| 材质和热处理 | SCMn2，正火 |
| 铸件质量 | 148kg |
| 缺陷状态 | 铸件表面上形成凹痕 |
| 缺陷位置 | 主型面，芯面和浇道等部位 |
| 原因（推测） | 1）粘结剂含量少，砂芯强度低；砂芯长时间放置导致劣化<br>2）由于型砂的退让性差，耐热膨胀性降低<br>3）浇道设计不合理<br>4）型砂的热膨胀率过高 |
| 对策 | 1）提高砂芯中粘结剂的配比，并缩短砂芯放置时间，以保证砂芯的强度<br>2）增加芯砂中的木粉和再生砂的配比，以提高砂的退让性<br>3）改进浇道设计，改善金属液的流动性<br>4）使用热膨胀率低的型砂 |

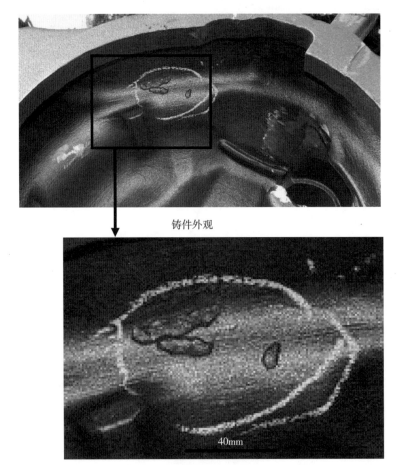

铸件外观

缺陷部位放大

所谓夹砂结疤，是砂芯和砂型表面的型砂因金属液的侵入而剥离，并附着在近旁而成的缺陷。发生夹砂结疤的铸件表面上产生凹痕，壁厚减小

| 缺陷名称 | H—04—FC）鼠尾（buckle，rat tail） |
|---|---|
| 产品名称 | |
| 铸造法 | 湿型铸造 |
| 材质和热处理 | 灰铸铁，FC250，铸态 |
| 铸件质量 | |
| 缺陷状态 | 砂型被铁液急剧加热时，其中的 $SiO_2$ 在 600℃ 附近由 α 石英转变为 β 石英而发生较大的膨胀（型砂的膨胀率原则上与纯度成正比）。当膨胀应力超过膨润土的结合力时，型壁的某些局部向型腔内拱起，结果铸件表面形成脉状凹痕。这就是鼠尾缺陷 |
| 缺陷位置 | |
| 原因（推测） | 1）因型砂的 $SiO_2$ 纯度过高，砂型膨胀量大<br>2）砂型的结合力弱<br>3）砂型的密度大 |
| 对策 | 1）增加 $SiO_2$ 纯度低的型砂的配比<br>2）使用热膨胀率较小的铬铁矿砂、硅砂、莫来石砂等型砂<br>3）增加膨润土的配比<br>4）使用粗集料，减小砂型的密度 |

上型缺陷

下型缺陷

脉状沟槽形态
（因膨润土的含量低而产生的缺陷）

（米国鋳物協会編・日本鋳物協会訳「鋳物不良の原因と対策」（1955）（丸善株式会社）P88）

| 缺陷名称 | H—05—FCD）涂料结疤（blacking scab，wash scabs） |
|---|---|
| 产品名称 | 平台（试样） |
| 铸造法 | 消失模铸造 |
| 材质和热处理 | 球墨铸铁，FCD600，铸态 |
| 铸件质量 | 390kg（600mm×600mm×150mm） |
| 缺陷状态 | 在内浇道附近的涂料剥落后进入铸件 |
| 缺陷位置 | 内浇道周围和平面部位 |
| 原因（推测） | 1）铁液流入不均匀<br>2）形成水分凝缩层或气体层<br>3）砂型排气不充分<br>4）消失模铸造时铸型与涂料分离 |
| 对策 | 1）保证铁液流入均匀<br>2）提高砂型的透气性<br>3）充分排气<br>4）提高涂层的热强度 |

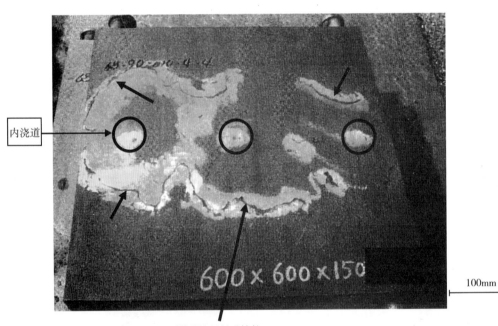

剥落的涂层插进铸件

涂料结疤形态

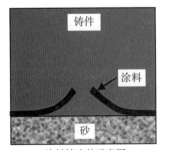

涂料结疤的示意图

与夹砂结疤类似，但涂层被剥落是
消失模铸造所特有的缺陷

| 缺陷名称 | H—06—FCD）涂料剥落（wash erosion） |
|---|---|
| 产品名称 | 压铸模 |
| 铸造法 | 消失模铸造 |
| 材质和热处理 | 球墨铸铁，FCD600，铸态 |
| 铸件质量 | 3980kg（1180mm×1080mm×715mm） |
| 缺陷状态 | 在上型面附近的侧面出现凹陷的表面缺陷 |
| 缺陷位置 | 上型面附近侧面 |
| 原因（推测） | 1）涂料烘干不充分<br>2）模样周围填砂不充分。涂层与砂型之间出现间隙，涂层在金属液和气体压力作用下剥落并漂浮在上型面附近。多发生于消失模铸造 |
| 对策 | 1）充分烘干涂料<br>2）使砂充分紧实 |

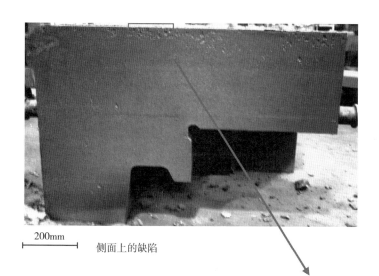

200mm

侧面上的缺陷

剥落的涂料粘附在
铸件上

缺陷部位放大

20mm

| | |
|---|---|
| 缺陷名称 | H—07—FCM）熟痕（Surface defect casting by combination of gas and shrinkage） |
| 产品名称 | |
| 铸造法 | 湿型铸造 |
| 材质和热处理 | 可锻铸铁 |
| 铸件质量 | |
| 缺陷状态 | 在靠近厚断面处形成下陷的蛇状伤痕。伤痕表面被型砂覆盖，成蓝黑色。伤痕表面的局部有针孔，若这些针孔与内部缩松相连，则称为熟痕缩松。当砂型的局部被铁液加热而过热，同时该过热部位靠近厚断面处，且排气不充分，在此条件下产生熟痕 |
| 缺陷位置 | |
| 原因（推测） | 1）冒口的补缩作用不充分<br>2）由于内浇道的数量和位置不当，砂型的局部容易过热<br>3）型砂的水分过多。砂型内散布着粘土和水分多的砂块，其中有些砂块出现在砂型表面或近表面<br>4）浇注温度过高 |
| 对策 | 1）修正冒口的大小和形状<br>2）修正内浇道的数量和位置<br>3）使用冷铁和锆砂等冷却材料<br>4）减少型砂中的水分<br>5）尽可能降低浇注温度 |

轮毂根部的熟痕

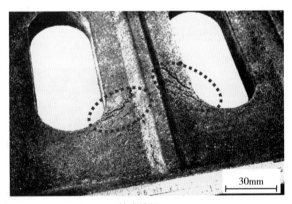

熟痕缩松

（日本鋳物協会・可鍛鋳鉄部会編「可鍛鋳鉄の不良」（1964）（アグネ）P23）

| | |
|---|---|
| 缺陷名称 | H—08—Al）涂料剥落（wash erosion） |
| 产品名称 | 后铰链 |
| 铸造法 | 金属型铸造 |
| 材质和热处理 | 铝合金，A356.0，T6 |
| 铸件质量 | 约3.5kg |
| 缺陷状态 | 铸件表面状态与周围不同，且具有清晰轮廓的局部区域 |
| 缺陷位置 | 1）热循环（厚断面冷却部位）比较大的部位<br>2）涂料不完整的部位 |
| 原因（推测） | 1）厚断面处冷却较慢，在还没有完全收缩的情况下开型，导致涂层剥落<br>2）涂料层厚度不适当，在凝固收缩引起的切应力作用下涂料层受损<br>3）涂敷后烘干不充分，涂层与铸型结合不良 |
| 对策 | 1）定期检查和保养金属型<br>2）优化涂料的涂敷条件（维护、涂敷方法、膜厚等） |

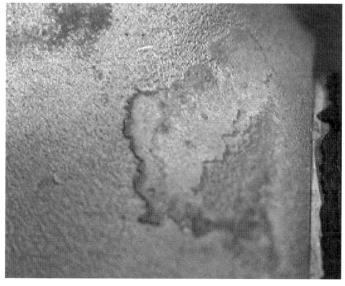

10mm

涂料剥落部位外观

143

| 缺陷名称 | H—09—FC）脉纹，脉状鼠尾（veining，finning，rat tail） |
|---|---|
| 产品名称 | 角铁板（粘砂试样） |
| 铸造法 | 消失模铸造 |
| 材质和热处理 | 灰铸铁，FC300，铸态 |
| 铸件质量 | 492kg（420mm×420mm×450mm） |
| 缺陷状态 | 在铸件角部和芯面上产生脉纹 |
| 缺陷位置 | 铸件角部和芯面 |
| 原因（推测） | 1）型砂的 $SiO_2$ 纯度过高<br>2）高温下铸型的可塑性差<br>3）浇注过程中型壁温度升高到573℃附近时，α石英转变为β石英，体积急剧膨胀，导致型壁龟裂，产生脉纹 |
| 对策 | 1）混合不同纯度的型砂，降低 $SiO_2$ 的纯度<br>2）使用热膨胀率较小的铬铁矿砂、硅砂、莫来石砂和人工砂等型砂<br>3）添加氧化铁<br>4）使用可塑性好的铸型（水玻璃，碱性酚醛树脂铸型） |

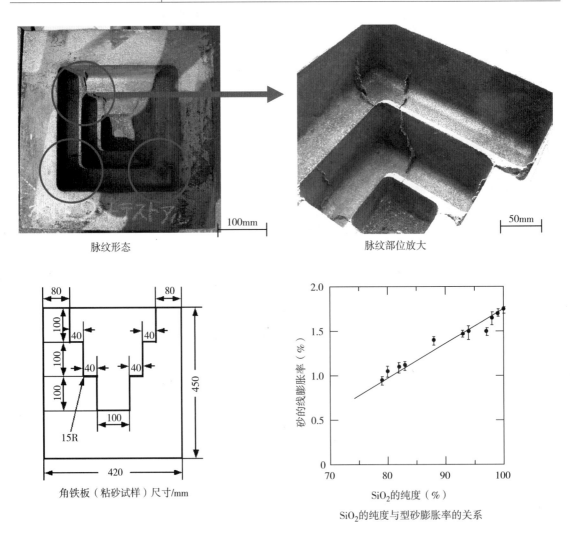

脉纹形态

脉纹部位放大

角铁板（粘砂试样）尺寸/mm

$SiO_2$ 的纯度与型砂膨胀率的关系

| 缺陷名称 | H—10—Al）气疱（blister, surface or surface blow hole） |
|---|---|
| 产品名称 | 板或盖 |
| 铸造法 | 普通压力铸造 |
| 材质和热处理 | 铝合金 ADC12，铸态或 T6 |
| 铸件质量 | 板：0.2kg；盖：0.35kg |
| 缺陷状态 | 皮下气孔引起的铸件表面山形隆起 |
| 缺陷位置 | 铸件表面 |
| 原因（推测） | 受金属液流动、压铸模温度和铸件形状的影响，皮下封闭的空气和其他气体在开型时膨胀，使铸件表面鼓起。另外，在 T6 热处理过程中，随合金强度的下降，皮下空气和气体膨胀，使表面鼓起 |
| 对策 | 1）调整浇道及排气方案<br>2）调整润滑剂和脱模剂的种类和使用量<br>3）调整开型时间和温度<br>4）设置点冷却 |

铝合金板铸态气疱外观

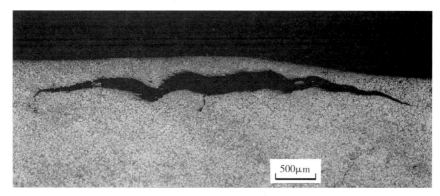

铝合金板铸态气疱部位横截面组织

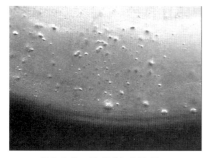

铝合金盖T6处理后气疱外观

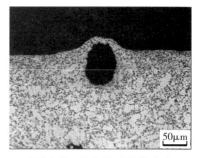

铝合金盖T6处理后气疱处截面组织

145

| 缺陷名称 | H—10—Mg)气疱（blister, surface or subsurface blow hole） |
|---|---|
| 产品名称 | 筐体 |
| 铸造法 | 冷压室压力铸造 |
| 材质和热处理 | 铸造镁合金，AZ91D |
| 铸件质量 | 1.1kg，320mm×280mm，壁厚1.1mm |
| 缺陷状态 | 外表面出现一定面积的鼓起，壁薄件的内表面也有鼓起 |
| 缺陷位置 | 铸件的平面部位，从中心略微偏向溢流槽 |
| 原因（推测） | 1）金属液流动条件不合理<br>2）压射速度不均匀 |
| 对策 | 1）优化压射条件，使金属液顺利流向溢流槽方向<br>2）优化浇注系统（位置、数量、宽度），并设定与之相应的压射条件<br>3）减少脱模剂的量，或强化吹气，以清除取出铸件后剩余的脱模剂 |

气泡外观

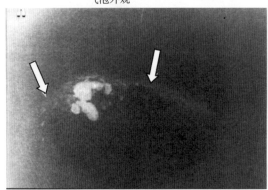

气泡处X射线透视像

铸造薄壁压铸件时，金属液必须在很短的时间内充满压铸模型腔，所以要保证高速注射。金属液与模具型腔碰撞时产生气流，箭头所指的就是液体沿此气流方向流动的部位

横截面组织中可以看到气泡的内壁已经氧化，其周围形成了细小的针孔

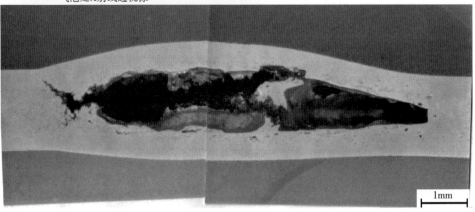

1mm

气泡截面显微组织

| 缺陷名称 | H—11—Al）表面粗糙（rough surface，seams，scares） |
|---|---|
| 产品名称 | 双轮车架 |
| 铸造法 | 金属型铸造 |
| 材质和热处理 | 铝合金，AC4CH，T6 |
| 铸件质量 | 约2kg |
| 缺陷状态 | 铸件的局部表面极其粗糙，凹凸不平 |
| 缺陷位置 | 铸件的局部表面 |
| 原因（推测） | 涂料的涂敷不当 |
| 对策 | 仔细控制涂料粒度和涂层的厚度 |

粗糙表面部位放大

10mm

| 缺陷名称 | H—11—FC）表面粗糙（rough surface，seams，scares） |
|---|---|
| 产品名称 | 汽车零件 |
| 铸造法 | 湿型铸造 |
| 材质和热处理 | 灰铸铁，FC200，铸态 |
| 铸件质量 | 25.0kg |
| 缺陷状态 | 铸件表面粗糙，其凹凸程度与砂粒的大小相当 |
| 缺陷位置 | 上型顶面 |
| 原因（推测） | 1）型砂的粒度太粗；2）砂型紧实不足；3）浇注温度过高；4）型砂中碳水化合物添加量太少 |
| 对策 | 1）型砂中添加适量的细砂<br>2）型砂中添加适量煤粉和沥青<br>3）增加砂型的紧实度和均匀性<br>4）降低浇注温度<br>5）刷涂料 |

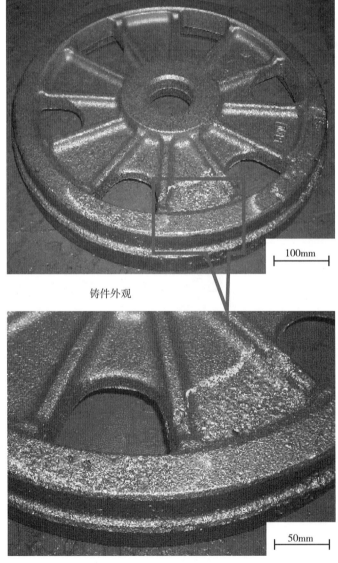

铸件外观

100mm

50mm

缺陷部位放大

| 缺陷名称 | H—12—Al）伤痕（crow's feet） |
|---|---|
| 产品名称 | 轮毂 |
| 铸造法 | 低压铸造 |
| 材质和热处理 | 铝合金，AC4CH，T6 |
| 铸件质量 | 约8kg |
| 缺陷状态 | 出型时在铸件表面上形成的沿出型方向的伤痕 |
| 缺陷位置 | 铸件中部浇道附近厚断面处 |
| 原因（推测） | 1）金属型表面温度高，铸造合金胶着在型腔表面<br>2）涂料层过薄，合金容易胶着<br>3）金属型表面形成摩擦划痕 |
| 对策 | 1）通过局部冷却措施，降低金属型局部高温<br>2）清除金属型表面上胶着的合金后涂敷涂料<br>3）修改金属型的设计 |

伤痕部位外观

10mm

| 缺陷名称 | H—13—FC）麻面（pitting surface，orange peel，alligator skin） |
|---|---|
| 产品名称 | 通用机械零件 |
| 铸造法 | 湿型铸造 |
| 材质和热处理 | 灰铸铁，FC200，铸态 |
| 铸件质量 | 4.8kg |
| 缺陷状态 | 通常在铸型的死角和远离浇道处出现不规则分布的半球形或长条形凹痕。大多数情况下与表面针孔一起出现 |
| 缺陷位置 | 铸型的死角和远离浇道处 |
| 原因（推测） | 缺陷部位存在若干非金属夹杂物，EDS 分析结果为 Si 系炉渣。说明该缺陷是 Si 系炉渣与 C 反应生成 CO 气体所引起的 |
| 对策 | 1）改变内浇道的形状和数量<br>2）提高浇注温度，抑制炉渣的形成<br>3）降低铸型的烧损量，以降低铸型的保温效果，减低死角部位收缩<br>4）型砂中适量添加煤粉和沥青 |

铸件外观    50mm

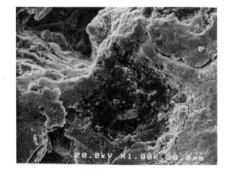

30μm

缺陷部位SEM像及EDS分析结果

| | |
|---|---|
| 缺陷名称 | H—14—Al）热裂痕（heat checked die flash） |
| 产品名称 | 变速器 |
| 铸造法 | 普通压力铸造 |
| 材质和热处理 | 铝合金，ADC12，铸态 |
| 铸件质量 | 12.5kg |
| 缺陷状态 | 压铸模的热裂反映在压铸件表面上形成的网状细飞翅 |
| 缺陷位置 | 铸件表面 |
| 原因（推测） | 压铸模在反复加热和冷却的热循环引起的循环应力作用下，表面发生龟裂。压铸模的龟裂反映在铸件上就是网状的细飞翅。铸造工艺不合理，压铸模材质、强度和硬度不适当，压铸模的冷却不当等是这种缺陷产生的主要原因 |
| 对策 | 1）缩小压铸模和金属液的温差，以降低热冲击<br>2）浇注前预热压铸模<br>3）加强内冷却，取消外冷却<br>4）改进压铸模材质和热处理，提高强度和硬度<br>5）降低压铸模的表面粗糙度，尽量减少切削刀痕和磨痕 |

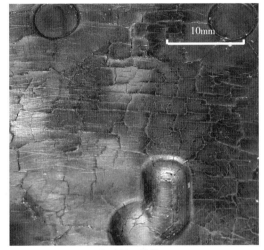

热裂的压铸模

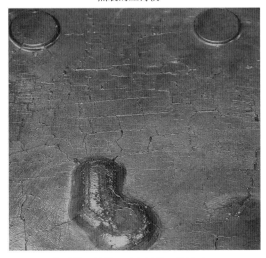

热裂的压铸模反映在铸件上的缺陷

| 缺陷名称 | H—15—Al）疱疤表面（surface fold，gas run） |
|---|---|
| 产品名称 | JIS（日本工业标准）金属型试样 |
| 铸造法 | 金属型铸造 |
| 材质和热处理 | 铝合金，AC2A（F） |
| 铸件质量 | 约 0.7kg |
| 缺陷状态 | 向金属型内浇注试样时，在试样上部自由凝固表面靠近金属型的区域（此处收缩少）出现细小的多角形凹凸。有时在与金属型接触的部位也能观察到此类缺陷 |
| 缺陷位置 | 一般在自由表面发生，但偶尔也在金属型面上发生 |
| 原因（推测） | 同时满足以下条件时容易产生疱疤表面缺陷<br>1）Al-Si 合金系中 Si 含量较高的亚共晶和共晶成分合金（JIS 合金中，8 系列合金容易产生疱疤表面；4 系列和 2 系列合金也可以产生该缺陷）<br>2）Ca/P 质量分数比超过 2 以上，共晶合金组织接近变质处理状态<br>3）冷却速度慢 |
| 对策 | 除了缺陷很严重以至外观很差或者缺陷导致力学性能下降的情况外，通常这类缺陷不需要采取特别措施。如果表面缺陷导致收缩情况发生变化，则要调整合金成分 |

10mm

试样的自由凝固表面上的疱疤缺陷

| 缺陷名称 | H—16—FCD）象皮状皱皮（surface fold，gas run，elephant skin） |
|---|---|
| 产品名称 | |
| 铸造法 | 离心铸造 |
| 材质和热处理 | 球墨铸铁，FCD400，铸态 |
| 铸件质量 | |
| 缺陷状态 | 铸件表面呈不规则的凸起和凹痕，常常带有较深的网状沟槽。离心铸造中，此类缺陷在管内表面产生 |
| 缺陷位置 | 大多在厚断面铸件的上部水平面（离心铸造时在管内表面）上产生 |
| 原因（推测） | 1）球化处理时生成的 MgO 和 MgS 的密度小，容易上浮，并集中在铸件上表面而形成象皮状皱皮<br>2）使用氧和硫含量高的炉料<br>3）球化处理后铁液在浇包中停留时间短<br>4）含碳量与浇注温度不匹配 |
| 对策 | 1）使用氧和硫含量低的炉料<br>2）球化处理后适当延长铁液在浇包中的停留时间，并去除 MgO 和 MgS 后再浇注<br>3）根据浇注温度，调整铁液中的含碳量<br>4）使用茶壶式浇包进行浇注 |

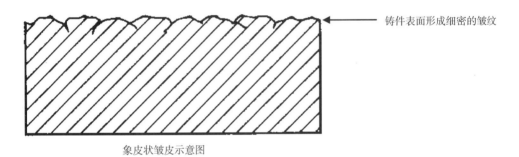

铸件表面形成细密的皱纹

象皮状皱皮示意图

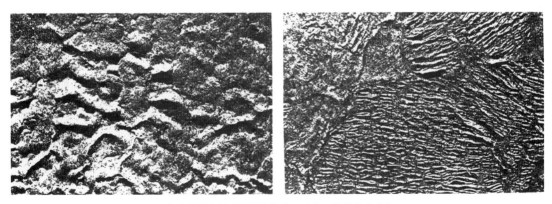

呈象皮状皱皮的球墨铸铁的表面（离心铸管的内壁）

（国際鋳物技術委員会編「国際鋳物欠陥分類図集」（1975）（（社）日本鋳物協会）P189）

| | |
|---|---|
| 缺陷名称 | H—17—Al）两重皮（laminations） |
| 产品名称 | 箱盖 |
| 铸造法 | 普通压力铸造 |
| 材质和热处理 | 铝合金，ADC12，铸态 |
| 铸件质量 | 1.4kg |
| 缺陷状态 | 铸件表面重叠一层薄金属层 |
| 缺陷位置 | 铸件表面 |
| 原因（推测） | 先以喷雾状流入压铸模型腔内的金属液在压铸模内表面凝固，后续金属液流入后两者未熔合而成两重皮。或者，先流入型腔的金属液凝固后，后续金属液在增压和局部加压过程中被压到已凝固层表面而成两重皮 |
| 对策 | 1）提高压铸模的温度和金属液的温度<br>2）优化压射速度、增压和局部加压的时机<br>3）调整浇注量，并减少每次浇注量的误差 |

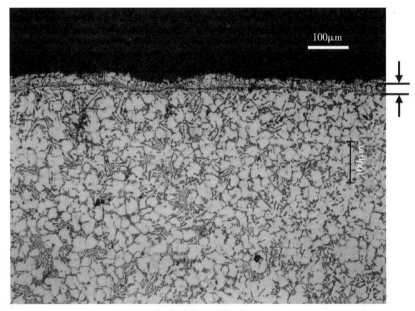

两重皮部位截面显微组织

| | |
|---|---|
| 缺陷名称 | H—18—Al）起皮（stripping） |
| 产品名称 | 底板 |
| 铸造法 | 普通压力铸造 |
| 材质和热处理 | 铝合金，ADC12，铸态 |
| 铸件质量 | 0.1kg |
| 缺陷状态 | 铸件表面有薄的起层 |
| 缺陷位置 | 铸件表面 |
| 原因（推测） | 1）冷隔、重皮等金属液熔合不良的缺陷会引起起皮<br>2）先浇入的金属液凝固后，后续金属液与先凝固表面层之间生成气体薄层，阻止了金属熔合 |
| 对策 | 参照 C—01—Al）气孔、F—02—Al）冷隔、H—17—Al）两重皮等缺陷的对策 |

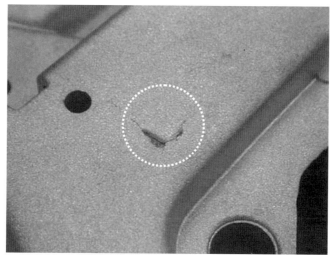

10mm

起皮部位外观（虚线圆内）

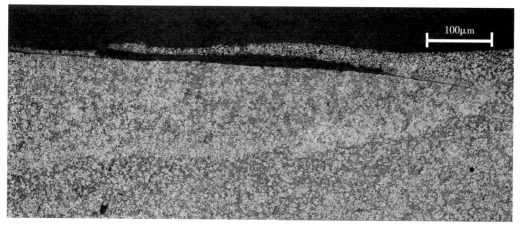

100μm

起皮部位横截面显微组织

| 缺陷名称 | H—19—FC）冲砂（wash） |
|---|---|
| 产品名称 | 汽车零件 |
| 铸造法 | 湿型铸造 |
| 材质和热处理 | 灰铸铁，FC250 |
| 铸件质量 | 2.7kg |
| 缺陷状态 | 内浇道根部附近产生粘砂 |
| 缺陷位置 | 内浇道根部附近 |
| 原因（推测） | 浇注时间较长，靠近内浇道的砂型与铁液的接触时间长，砂型被铁液冲刷，形成粘砂缺陷 |
| 对策 | 1）缩短浇注时间<br>2）改变浇注系统<br>3）提高砂型强度 |

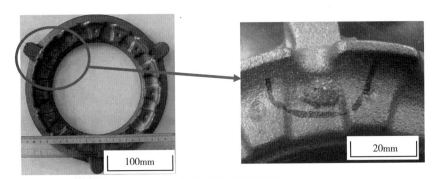

铸件外观及缺陷部位放大

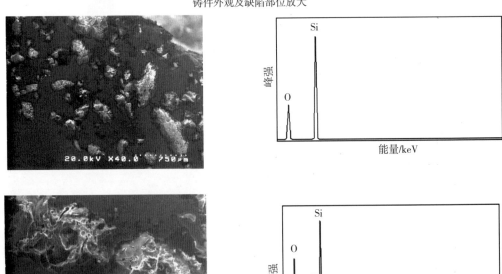

缺陷部位高倍SEM像及EDS分析结果

## I) 组织缺陷

| | |
|---|---|
| 缺陷名称 | I—01—FCD）球化不良（表面球化不良）（degenerated graphite） |
| 产品名称 | 冲模 |
| 铸造法 | 消失模铸造 |
| 材质和热处理 | 球墨铸铁，FCD600，铸态 |
| 铸件质量 | 6000kg（2100mm×2100mm×500mm） |
| 缺陷状态 | 从铸件表面到皮下1.5mm的厚度上呈现花纹，其显微组织为片状石墨。呋喃铸型的硬化剂中含硫，故产生表面球化不良缺陷，而不含硫的碱性铸型中不产生此类缺陷 |
| 缺陷位置 | 铸件表面附近 |
| 原因（推测） | 1）铸型中含硫量高<br>2）铁液中残留 Mg 含量低<br>3）球化处理前的原铁液中硫含量高 |
| 对策 | 1）保证铁液中的残留 Mg 含量不低于球化前铁液中 $w(S)$ +0.02%<br>2）使用不含硫的铸型<br>3）使用不含硫的涂料（要特别注意涂料的石墨中所含的硫）<br>4）使用 CaO、MgO 系涂料<br>5）降低铸型中的硫含量（烧损量） |

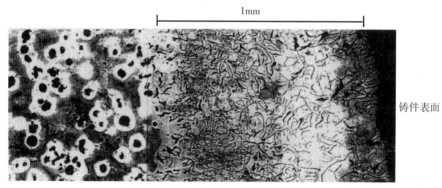

球化不良的组织（呋喃砂型）

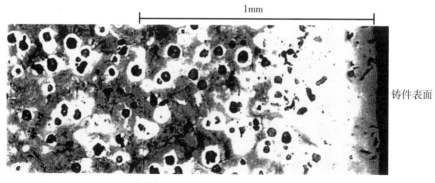

正常铸件组织（碱性砂型）

| 缺陷名称 | I—02—FCV）蠕墨化不良（degenerated graphite） |
|---|---|
| 产品名称 | 汽车零件 |
| 铸造法 | 呋喃砂型铸造 |
| 材质和热处理 | 蠕墨铸铁，铸态 |
| 铸件质量 | 12.5kg |
| 缺陷状态 | 切削加工面上沿铁液流动方向产生流痕 |
| 缺陷位置 | 砂型的强烈受热部位沿铁液流动方向产生缺陷 |
| 原因（推测） | 呋喃砂型的硬化剂所含的某些元素（主要是硫）受热而气化，气体进入铁液，与铁液中的 Mg 反应，导致蠕墨化所需的 Mg 含量不足 |
| 对策 | 1）减少硬化剂的使用量<br>2）刷涂料，以防止气体侵入砂型 |

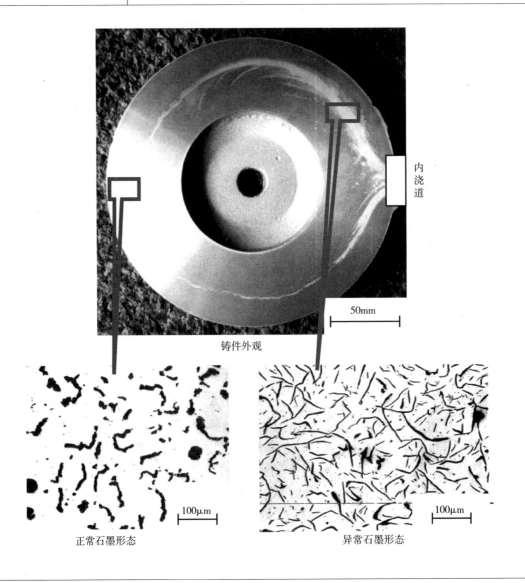

内浇道

50mm

铸件外观

正常石墨形态

异常石墨形态

100μm

100μm

158

| 缺陷名称 | I—03—FC）过冷石墨（undercooled graphite） |
|---|---|
| 产品名称 | 滑块 |
| 铸造法 | 消失模铸造 |
| 材质和热处理 | 灰铸铁，FC250，铸态 |
| 铸件质量 | 8.8kg（90mm×90mm×150mm） |
| 缺陷状态 | 细小片状石墨分布在初晶奥氏体枝晶间，使奥氏体的树枝晶显得更突出，更醒目，又称为 D 型石墨 |
| 缺陷位置 | 铸件内部组织 |
| 原因（推测） | 1）孕育不充分，孕育衰退导致石墨核减少<br>2）冷却速度过快<br>3）铁液中 Ti 含量高 |
| 对策 | 1）优化孕育条件（孕育剂种类、加入量、孕育处理时间等）<br>2）调整冷却速度<br>3）防止 Ti 混入铁液 |

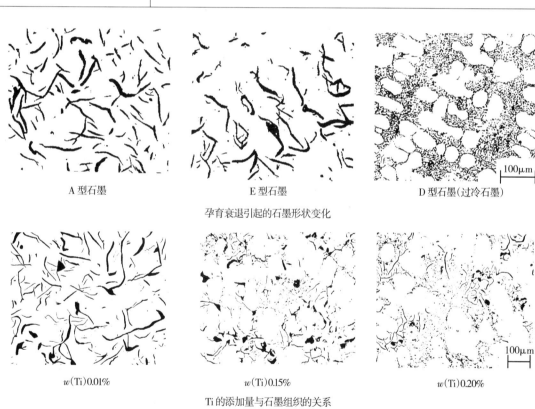

A 型石墨　　　　　　E 型石墨　　　　　　D 型石墨(过冷石墨)

孕育衰退引起的石墨形状变化

$w(Ti)0.01\%$　　　　　$w(Ti)0.15\%$　　　　　$w(Ti)0.20\%$

Ti 的添加量与石墨组织的关系

| | |
|---|---|
| 缺陷名称 | I—04—FCD）整列石墨（aligned graphite） |
| 产品名称 | 冲模 |
| 铸造法 | 消失模铸造 |
| 材质和热处理 | 球墨铸铁，FCD600，铸态 |
| 铸件质量 | 10t 铸件的横浇道 |
| 缺陷状态 | 断口呈类似于铸钢冰糖状断口的平面断口。在无石墨区域旁边出现整齐排列的石墨列（整列石墨），且石墨粗大。对于大铸件，当 Bi 的加入量在 $w(Bi) < 0.001\%$ 时，随 Bi 加入量的增加石墨粒子数增加，但 Bi 加入量 $w(Bi) > 0.003\%$ 后出现整列石墨。铁液中 Ni 和 Si 的含量高时也会形成整列石墨 |
| 缺陷位置 | 横浇道和铸件的突出部位 |
| 原因（推测） | 1）Bi 的加入量过多<br>2）Ni 的含量过高<br>3）Si 的含量过高 |
| 对策 | 1）根据铸件质量计算并添加 Bi 的最佳量<br>2）降低铁液中 Ni 的含量<br>3）降低铁液中 Si 的含量 |

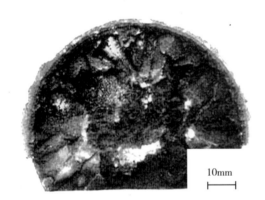

断口形貌

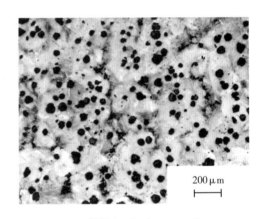

组织（$w(Bi)$ 0.0005%）

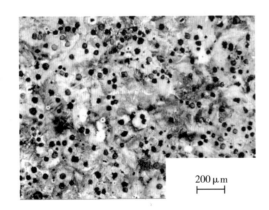

组织（$w(Bi)$ 0.001%）

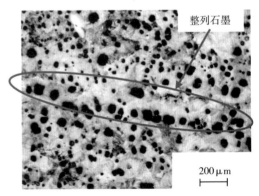

整列石墨

组织（$w(Bi)$ 0.003%）

| 缺陷名称 | I—05—FCD）石墨细小颗粒（chunky graphite） |
|---|---|
| 产品名称 | 模底板（试样） |
| 铸造法 | 消失模铸造 |
| 材质和热处理 | 球墨铸铁，FCD600，铸态 |
| 铸件质量 | 1200kg（700mm×1200mm×200mm） |
| 缺陷状态 | 石墨形状不同于正常部位球状石墨，缺陷部位呈现花纹 |
| 缺陷位置 | 凝固速度较慢的部位，或如下图所示的发热冒口根部。整个铸件内部呈碎片状石墨的情况也比较多 |
| 原因（推测） | 1）冷却速度慢<br>2）石墨粒子数少<br>3）球化剂中 RE（稀土元素）和 Ca 的含量高<br>4）铁液中 Ni 和 Si 的含量高<br>5）冒口根部石墨碎片与易割片材料中的 Al，S 有关<br>6）石墨的生长方式由球状生长变成碎片状生长模式 |
| 对策 | 1）利用冷铁提高冷却速度<br>2）通过有效的孕育处理，增加石墨粒子数<br>3）减少球化剂和孕育剂中的 RE 和 Ca 的含量<br>4）降低铁液中 Si 的含量<br>5）在铁液中含 Ni 的场合，应根据 Ni 的含量相应地降低 Si 的含量<br>6）根据 RE 含量，添加 w（Sb）0.005%～0.015% |

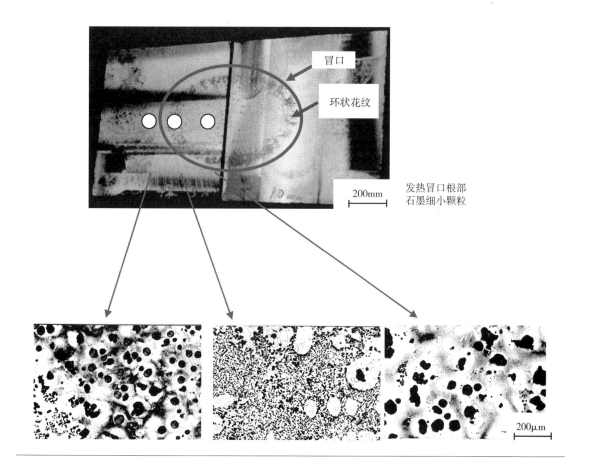

200mm

发热冒口根部
石墨细小颗粒

200μm

| 缺陷名称 | I—06—FC）石墨粗大（kish graphite，kish） |
|---|---|
| 产品名称 | 滑块 |
| 铸造法 | 消失模铸造 |
| 材质和热处理 | 灰铸铁，FC100，铸态 |
| 铸件质量 | 500kg |
| 缺陷状态 | 在铸件上部出现粗而长的石墨（C 型石墨） |
| 缺陷位置 | 铸件上部 |
| 原因（推测） | 初生石墨集结在铸件内部或表面附近。原因为，相对于壁厚和冷却速度而言，碳当量（CE 值）过高 |
| 对策 | 降低 CE 值 |

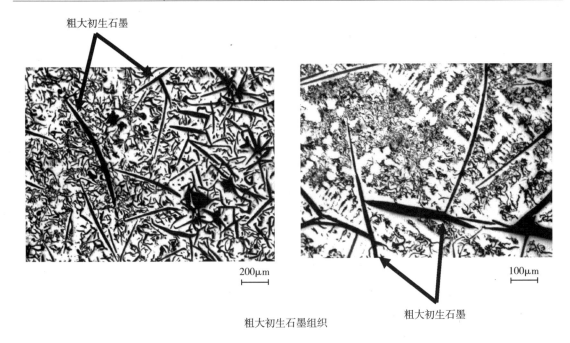

粗大初生石墨

200μm

100μm

粗大初生石墨组织

粗大初生石墨

| 缺陷名称 | I—07—FCD）石墨漂浮（floated graphite） |
|---|---|
| 产品名称 | 滑块 |
| 铸造法 | 消失模铸造 |
| 材质和热处理 | 球墨铸铁，FCD600，铸态 |
| 铸件质量 | 720kg（500mm×400mm×500mm） |
| 缺陷状态 | 从铸件上表面至20mm深度内出现斑纹。用显微镜观察到该处有200μm的粗大石墨 |
| 缺陷位置 | 铸件上部或冷却速度慢的部位 |
| 原因（推测） | 1）碳当量达到过共晶值<br>2）当碳当量（C+0.23Si）大于4.3%，即为过共晶成分时，液态下析出初生石墨，并向上漂浮<br>3）石墨的密度为铁的1/3，故容易漂浮，集中在上部 |
| 对策 | 1）降低碳当量<br>2）保证碳当量（C+0.23Si）小于4.3 |

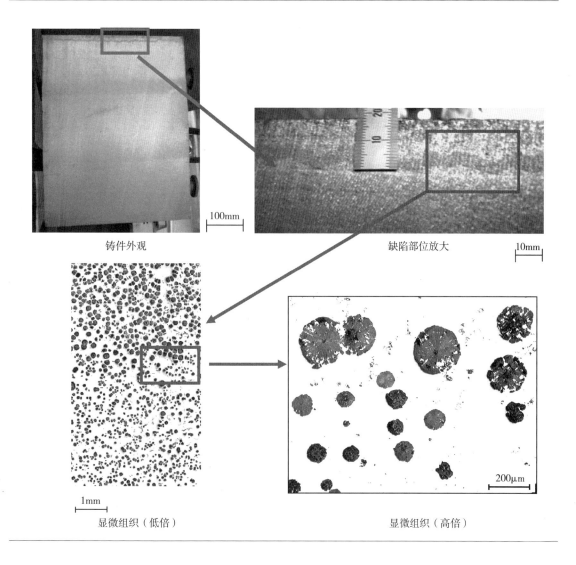

铸件外观      100mm

缺陷部位放大      10mm

显微组织（低倍）     1mm

显微组织（高倍）     200μm

| 缺陷名称 | I—08—FC) 石墨魏氏组织（Widmannstätten graphite） |
|---|---|
| 产品名称 | 机床（床身） |
| 铸造法 | 消失模铸造 |
| 材质和热处理 | 灰铸铁，FC250，铸态 |
| 铸件质量 | 3620kg |
| 缺陷状态 | 强度和冲击值下降，加工面的粗糙度增加，加工时边角容易掉落，断口异常，产生扇状异常石墨、石墨魏氏组织、白口或反白口。此类缺陷一般在冷却速度低的铸件中发生 |
| 缺陷位置 | 整个铸件（尤其是大件）。小铸件中不产生此类缺陷 |
| 原因（推测） | 1）大型铸件中当铅的质量分数在0.003%以上时，形成此类缺陷<br>2）有时与氢、钙等元素有关，单独的铅并不产生此缺陷<br>3）使用了混入铅的炉料。铅的来源：镀锌板，以提高切削性能为目的添加铅的易削钢，锻造边角料，钢材，铜，带钎焊的炉料以及其他含铅炉料 |
| 对策 | 1）严格管理炉料，保证不带入铅<br>2）利用沸腾法去除铁液中的铅<br>3）将铅的质量分数控制在0.003%以下 |

铅缺陷与断口形貌

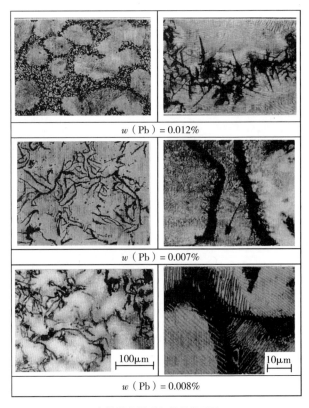

$w$（Pb）= 0.012%

$w$（Pb）= 0.007%

$w$（Pb）= 0.008%

灰铸铁中铅引起的异常石墨

| 缺陷名称 | I—08—FCD）石墨魏氏组织（Widmannstätten graphite） |
|---|---|
| 产品名称 | 滑块 |
| 铸造法 | 消失模铸造 |
| 材质和热处理 | 球墨铸铁，FCD600，铸态 |
| 铸件质量 | 720kg（500mm×400mm×500mm） |
| 缺陷状态 | $w$（Pb）0.005%的铸件中，在球状石墨周围出现异常石墨。对于球墨铸铁来说这种异常石墨对力学性能的有害作用不像灰铸铁那样强烈，所以根据具体情况可以允许 $w$（Pb）0.005%～0.01% |
| 缺陷位置 | 铸件内部 |
| 原因（推测） | 1）铁液中 $w$（Pb）＞0.005%时发生此类缺陷<br>2）炉料中混入铅。铅的来源：镀锌板，为提高加工性能添加铅的钢材，锻造边角料，铜，带钎焊的炉料，其他含铅炉料 |
| 对策 | 1）严格管理炉料，保证不带入铅<br>2）利用沸腾法去除铁液中的铅。但对于球墨铸铁来说，因为石墨呈球状，少量异常石墨不成为质量问题 |

整个石墨块为接近结晶状的球状石墨

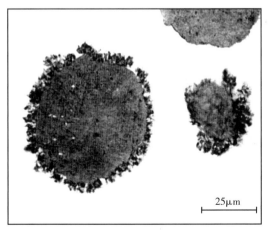

含铅铸铁中的球状石墨（$w$（Pb）0.005%）

| 缺陷名称 | I—09—SC）铁素体魏氏组织（Widmannstätten ferrite，Widmannstätten strcture） |
|---|---|
| 产品名称 | 滑块 |
| 铸造法 | 湿型铸造 |
| 材质和热处理 | SC450，正火 |
| 铸件质量 | 7.7kg（100mm × 100mm × 100mm） |
| 缺陷状态 | 铸件组织为粗大珠光体和呈魏氏组织的铁素体。钢中出现魏氏组织会使冲击韧度下降，延伸率和疲劳强度也下降 |
| 缺陷位置 | 铸态或热处理工艺不当的铸钢 |
| 原因（推测） | 魏氏组织在铸造过程中或在高温热处理过程中产生。铁素体尺寸取决于热处理温度，热处理温度高时出现魏氏组织并晶粒粗化 |
| 对策 | 施行正确的正火处理，正火温度：$Ac_3$ 或 $Acm$ +（30 ~ 50）℃ |

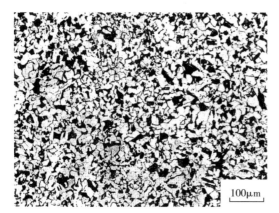

（冲击值：55 J/cm$^2$）
正常热处理后的铸钢组织
（880℃ × 1h，空冷）

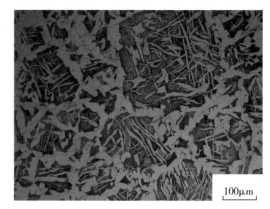

（冲击值：6J/cm$^2$）
不正常热处理后的铸钢组织
（1240℃ × 1h，空冷）

| 缺陷名称 | I—10—FCD）异常石墨（abnormal graphite） |
| --- | --- |
| 产品名称 | 板簧托架 |
| 铸造法 | 湿型铸造 |
| 材质和热处理 | 球墨铸铁，FCD450，铸态 |
| 铸件质量 | 5kg |
| 缺陷状态 | 未熔孕育剂和型砂被卷入铁液，形成深而尖的裂纹状表面缺陷并显微组织不良 |
| 缺陷位置 | 表面附近 |
| 原因（推测） | 1）铁液流中添加孕育的时机不当（孕育剂投入过早）<br>2）过度的孕育处理<br>3）浇注温度过低<br>4）使用熔解性差的孕育剂 |
| 对策 | 1）控制铁液流中添加孕育的时机和孕育剂投入量<br>2）提高浇注温度<br>3）使用熔解性好的孕育剂 |

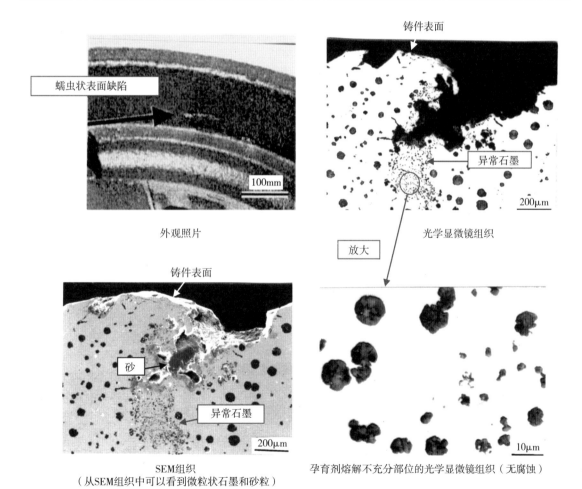

外观照片

光学显微镜组织

SEM组织
（从SEM组织中可以看到微粒状石墨和砂粒）

孕育剂熔解不充分部位的光学显微镜组织（无腐蚀）

聚集的微粒状石墨的形成，是因为铁液流中添加孕育时，孕育剂熔解不充分，形成 Si 浓度高的局部偏析区域所致

| 缺陷名称 | I—11—FCD）麻口，灰点（mottle） |
|---|---|
| 产品名称 | 联轴器 |
| 铸造法 | 湿型铸造 |
| 材质和热处理 | 黑心可锻铸铁，FCMB27—05，退火 |
| 铸件质量 | 4kg |
| 缺陷状态 | 白口毛坯中含有一定量的石墨，且在石墨化退火处理中其石墨形状不变，导致抗拉强度和延伸率下降 |
| 缺陷位置 | 厚断面处 |
| 原因（推测） | 1）厚断面处冷却速度低<br>2）C 和 Si 的含量过高<br>3）Al 等石墨化元素含量高（$w$（Al）＞0.07%） |
| 对策 | 1）铸件设计成无热节的均匀壁厚<br>2）优化铁液化学成分（壁厚在 20mm 以下时，化学成分应控制在 $w$（C）＜3.25%，$w$（Si）＜1.80%，壁厚超过 20mm 时应控制在 $w$（C）＜3.0%）<br>3）添加 $w$（Bi）0.005% 左右（阻碍石墨化元素） |

不正常断口上存在石墨，正常断口呈白色

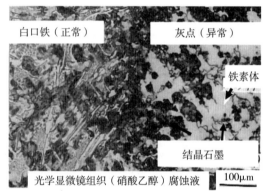

白口铁（正常）　　灰点（异常）

铁素体

结晶石墨

光学显微镜组织（硝酸乙醇）腐蚀液　　100μm

在石墨化退火处理前（白口毛坯）组织中的异常石墨

　　可锻铸铁在热处理前是白口铸铁，正常情况下不含石墨，但因成分不正常等原因，有时会析出石墨（D型石墨）。左图是圆柱试样的断口上出现的异常石墨，这种缺陷称为麻口缺陷。这种石墨在热处理过程中其形状不发生变化，热处理后残留在正常石墨之间，使抗拉强度和延伸率下降

正常：白口毛坯→石墨化处理<br>　　　→块状石墨

不正常：白口毛坯中含异常石墨<br>　　　→石墨化处理→D型石墨

10μm

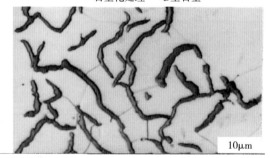

10μm

热处理后的石墨

| | |
|---|---|
| 缺陷名称 | I—12—FC）白口（chill） |
| 产品名称 | 汽车零件 |
| 铸造法 | 湿型铸造 |
| 材质和热处理 | 灰铸铁，FC200，铸态 |
| 铸件质量 | 5.2kg |
| 缺陷状态 | 在铸件的外角和薄断面部位形成白口，并逐渐过渡到周围正常组织 |
| 缺陷位置 | 铸件外角和薄断面部位 |
| 原因（推测） | 1）C/Si 比与铸件壁厚不相适应<br>2）孕育不充分<br>3）冷却速度快<br>4）碳化物形成元素的含量过多 |
| 对策 | 1）根据壁厚控制 C/Si 比<br>2）进行充分的孕育处理<br>3）孕育衰退之前完成浇注<br>4）减少碳化物形成元素的含量 |

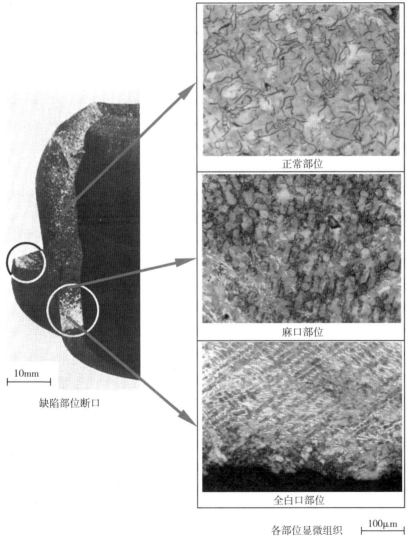

10mm

缺陷部位断口

正常部位

麻口部位

全白口部位

各部位显微组织　　100μm

| 缺陷名称 | I—12—FCD）白口（chill） |
|---|---|
| 产品名称 | 下控制臂 |
| 铸造法 | 湿型铸造 |
| 材质和热处理 | 球墨铸铁，FCD450，铸态 |
| 铸件质量 | 6kg |
| 缺陷状态 | 在铸件的外角和薄断面部位形成白口，并逐渐过渡到周围正常组织 |
| 缺陷位置 | 薄断面部位 |
| 原因（推测） | 1）以合箱不严引起的飞翅为起点，白口向铸件内部发展<br>2）Si 含量过低<br>3）原铁液中的 S 的质量分数不合适，导致石墨数量减少<br>4）因铸造工艺上的原因，低温铁液填充薄断面部位<br>5）孕育剂和孕育方法不当 |
| 对策 | 1）提高砂型的尺寸精度，减少飞翅<br>2）调整 Si 含量以及原铁液中的 S 含量<br>3）改进铸造工艺，避免低温铁液填充薄断面部位<br>4）改进孕育剂和孕育方法 |

　　球化和孕育处理的铁液在薄断面处快速冷却后形成柱状晶并伴随碳化物组织。尤其是凝固速度快的薄断面处宏观组织呈白色，故称白口

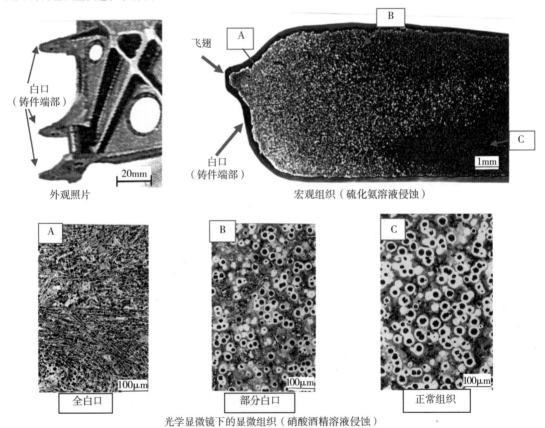

外观照片　　　　　　　　　　宏观组织（硫化氨溶液侵蚀）

光学显微镜下的显微组织（硝酸酒精溶液侵蚀）

　　利用光学显微镜观察白口部位，可以看到从飞翅部位开始形成莱氏体组织（渗碳体和基体的两相组织）。白口向铸件内部逐渐减少并最终过渡到无白口正常组织

| | |
|---|---|
| 缺陷名称 | I—13—FC）反白口（reverse chill, inverse chill） |
| 产品名称 | 汽车零件 |
| 铸造法 | 湿型铸造 |
| 材质和热处理 | 灰铸铁，FC200，铸态 |
| 铸件质量 | 4.7kg |
| 缺陷状态 | 正常的铸件断口呈灰色，但中心部分呈白口或白色斑点 |
| 缺陷位置 | 厚断面铸件的中心部 |
| 原因（推测） | 1）形成 MnS 后铁液中仍含剩余硫<br>2）含氢过多<br>3）孕育处理不充分（晶核数少）<br>4）硫含量低而 Ti 含量高 |
| 对策 | 1）减少铁液中硫的含量（使 Mn 和 S 的质量分数满足 $w$（Mn）$= 1.75 \times$ S% $+ 0.3\%$）<br>2）提高铁液温度，进行有效的孕育处理<br>3）充分烘干熔炼炉衬和浇包，以降低铁液中含氢量 |

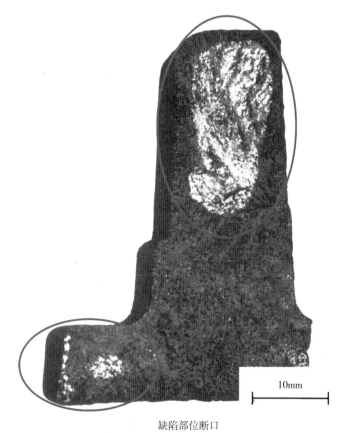

缺陷部位断口

（（社）日本鋳造工学会·国際鋳物技術委員会編「国際鋳物欠陥分類図集」（2004）P340）

| 缺陷名称 | I—14—Al）冷豆（internal sweating, extruded bead, exudation） |
|---|---|
| 产品名称 | 煤气用具零件 |
| 铸造法 | 普通压力铸造 |
| 材质和热处理 | 铝合金，ADC12，铸态 |
| 铸件质量 | 3.5kg |
| 缺陷状态 | 铸件内部与铸件成分相同的球状金属夹杂物 |
| 缺陷位置 | 铸件内部 |
| 原因（推测） | 金属液与压铸模内壁碰撞，液滴溅入型腔并迅速凝固成金属豆，与后续浇入的金属液未能很好熔合 |
| 对策 | 1）改进铸造工艺设计和铸造条件，防止金属液以雾状飞溅<br>2）优化内浇道的位置及尺寸 |

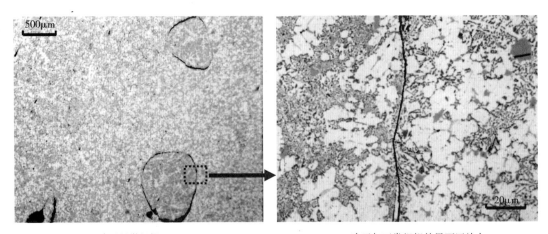

冷豆显微组织                    冷豆与正常组织的界面区放大

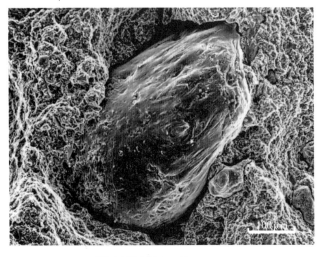

断口上冷豆的SEM像

| 缺陷名称 | I—15—FCM）退火不足（incomplete annealing） |
|---|---|
| 产品名称 | 联轴器 |
| 铸造法 | 湿型铸造 |
| 材质和热处理 | 黑心可锻铸铁，FCMB27—05，退火 |
| 铸件质量 | 约 0.16kg |
| 缺陷状态 | 退火后仍有渗碳体残留，故延伸率低，切削性能差 |
| 缺陷位置 | 壁厚较厚处 |
| 原因（推测） | 1）碳化物形成元素（Cr 等）的质量分数高达 0.6%<br>2）Si 含量低 |
| 对策 | 1）选用 Cr 含量低的炉料，将铸件中的 Cr 的质量分数控制在 0.08% 以下<br>2）将 Si 的质量分数提高到 1.35% 以上<br>3）添加 $w$（B）0.002% 左右，以促进石墨化 |

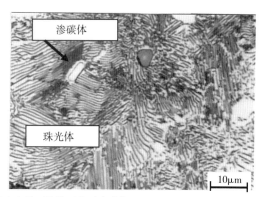

显微组织（低倍下看不到，但在高倍下能够观察到渗碳体）

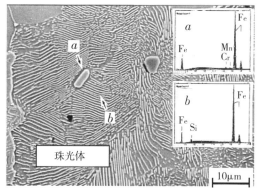

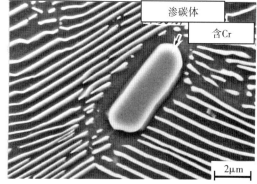

SEM组织（在一般的珠光体中很难发现Cr，但在大块渗碳体中能够检测出Cr的存在。
由于Cr的存在，渗碳体很难分解 ）

| 缺陷名称 | I—16—Mg）粗大枝晶组织（coarsened dendritic structure） |
|---|---|
| 产品名称 | 电极盖 |
| 铸造法 | 冷压室压力铸造 |
| 材质和热处理 | AZ91D |
| 铸件质量 | 0.3kg |
| 缺陷状态 | 表面皱皮部位的内部，存在粗大的树枝晶组织 |
| 缺陷位置 | 内浇道处金属液冲刷的平面部位 |
| 原因（推测） | 在冷压室内凝固的金属被卷入铸件内 |
| 对策 | 1）提高冷压室填充率<br>2）防止冷压室温度降低 |

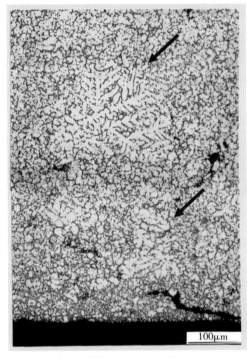

皱皮处横截面上观察到的粗大枝晶

# 历史话题（3）　韮山反射炉和大炮

韮山反射炉于1854年建在伊豆半岛的韮山，从建成到1864年，利用该炉铸造了若干铸铁大炮和青铜大炮（图（3）-1、图（3）-2）。当年正值动乱不止的幕府末期，贝利的船队进入下田港的时期。

图（3）-1　韮山反射炉和大炮

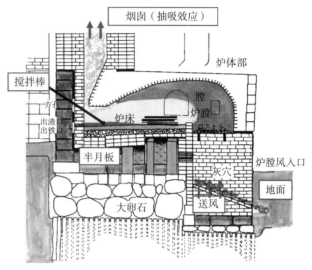

图（3）-2　韮山反射炉剖面图

根据有关佐贺藩大炮（其成分为 $w(\text{C})$:3.22%，$w(\text{Si})$:0.69%，$w(\text{Mn})$:0.27%，$w(\text{P})$:0.27%，$w(\text{S})$:0.132%，$w(\text{Ti})$:0.01%）的历史记载来看，利用韮山反射炉铸造的铸铁中的 $w(\text{Si})$ 可能偏低。当时铸造的最大问题也是与白口形成有关的 $w(\text{Si})$ 问题。在佐贺藩记录中就有铁液不好时"火花大喷出"的记载。两种 Si 含量的铁液如图（3）-3 所示。模拟佐贺藩大炮的 Si 含量较高的铁液表面安静，而模拟韮山大炮的 Si 含量低的铁液则剧烈沸腾并喷出火花。由此可以想象，当时人们为寻找高 Si 生铁炉料作了何等努力。实际上，稳定地获得高 Si 生铁是开发利用了高炉炼铁技术以后的事。可见，无论过去还是今天，铸件中产生白口是令铸造人头痛的事。

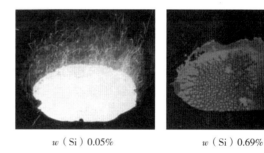

$w(\text{Si})$ 0.05%　　　$w(\text{Si})$ 0.69%

图（3）-3　Si 质量分数不同的铁液状态

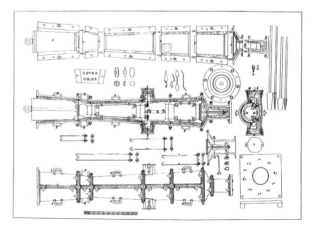

图（3）-4　大炮砂箱（金属箱）简图

图（3）-4 是大炮铸造用砂箱，是一种用砂较少的坚固的砂箱。从设有砂型烘干室的情况来看，铸造方法为干型铸造。考虑到大型铸件铸造时容易发生抬型，大炮的铸造采用了合理的砂型和砂箱。图（3）-5 是包括冒口在内的大炮凝固模拟的结果。冒口直径为 500mm 时，最后凝固部位在冒口出现。由此看来，大炮砂箱的冒口大小是合适的。看来古人忠实地遵循了高强度砂箱和适当的冒口等铸造的基本原则。

图（3）-6 是当年铸造的爆裂弹的横截面组织，其内层为灰铸铁，中间层为白口，外层为可锻铸铁。铸造出这种组织需要相当高的复合材料制造技术。150 年前已经熟练地掌握了这样的技术，的确不能不令人惊奇！

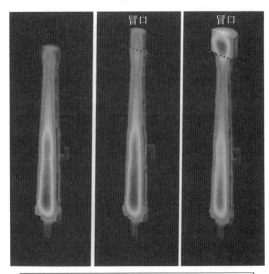

| 无冒口 | 有冒口 | 有冒口 |
|---|---|---|
| | （φ300×400） | （φ500×500） |

图（3）-5 大炮凝固模拟

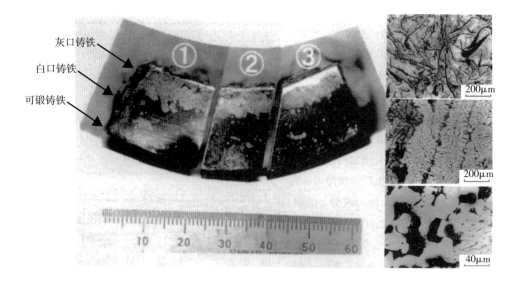

灰口铸铁
白口铸铁
可锻铸铁

图（3）-6 在山口县萩山市发射的爆裂弹（1854 年）的横截面组织（芝浦工大提供）

古往今来，铸件的缺陷是铸造人的烦恼，古人在铸造大炮过程中表现出来的克服铸造缺陷方面的智慧和热情，是当今铸造人应当传承的精神财富。

（菅野利猛记）

## J）断口缺陷

| | |
|---|---|
| 缺陷名称 | J—01—FCM）表面铁素体，白缘（ferrite rim, pearlitic rim, pearlite layer） |
| 产品名称 | 联轴器 |
| 铸造法 | 湿型铸造 |
| 材质和热处理 | 黑心可锻铸铁，FCMB27—05，退火 |
| 铸件质量 | 约 0.16kg |
| 缺陷状态 | 热处理（退火）后铸件黑皮层为没有石墨的脱碳层，表面为铁素体，其内层为珠光体。加工螺纹时切削性能较差 |
| 缺陷位置 | 铸件黑皮层 |
| 原因（推测） | 热处理（退火）气氛中的氧分压高 |
| 对策 | 降低炉内氧分压 |

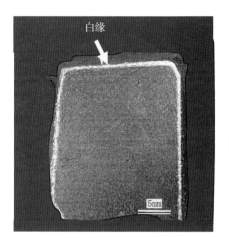

宏观组织中黑皮内部呈白色，称为"白缘"

宏观组织

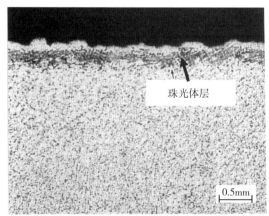

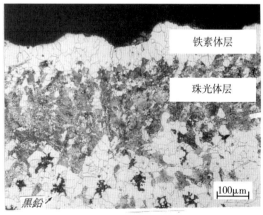

显微组织（硝酸酒精溶液侵）

显微镜下观察到200μm厚的没有石墨的白色层（脱碳层）。白色层的外侧为铁素体层，内侧为珠光体层

| 缺陷名称 | J—02—Al）不均匀断口（heterogeneous fractured surface），破碎激冷层（cold flakes，scattered chill structure） |
|---|---|
| 产品名称 | 机械零件 |
| 铸造法 | 普通压力铸造 |
| 材质和热处理 | 铝合金，ADC10，铸态 |
| 铸件质量 | 0.4kg |
| 缺陷状态 | 在铸件内部和浇道部位形成边界不连续的微细组织区，同时压铸件的强度显著下降 |
| 缺陷位置 | 铸件内部和浇道部位 |
| 原因（推测） | 注入压室的金属液在压室壁形成凝固薄层，注射时凝固薄层被压射冲头压碎并与金属液一起带入压铸模型腔内 |
| 对策 | 1）提高金属液温度和压室温度<br>2）缩短金属液注入压室到压射的时间段<br>3）增加压室内填充率<br>4）使用绝热型润滑剂<br>5）选择合适的合金（凝固温度范围宽的合金不易发生此类缺陷）<br>6）通过改进横浇道形状，设置过滤器，优化浇道厚度等措施，防止凝固层混入铸件内 |

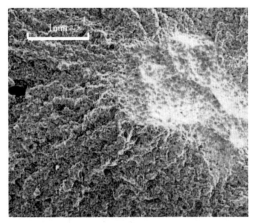

断口上出现的破碎激冷层SEM像

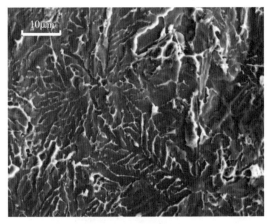

破碎激冷区域放大SEM像

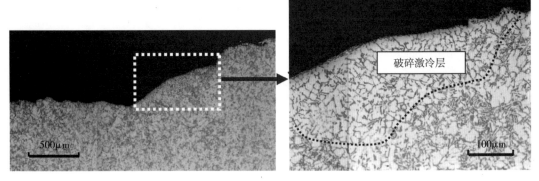

破碎激冷部位横截面组织

| 缺陷名称 | J—03—SC）晶粒粗大（rough grain） |
|---|---|
| 产品名称 | 滑块 |
| 铸造法 | 湿型铸造 |
| 材质和热处理 | SC450，正火 |
| 铸件质量 | 7.7kg（100mm×100mm×100mm） |
| 缺陷状态 | 正常热处理后铸件的晶粒细小，而热处理不当时晶粒粗大。粗大晶粒导致冲击韧度下降，延伸率和疲劳强度也降低。另外，粗大晶粒铸件的断口呈脆性断裂特有的河流花样 |
| 缺陷位置 | 热处理不当的铸钢件或钢制内冷铁 |
| 原因（推测） | 1）未进行正火处理<br>2）正火温度过高 |
| 对策 | 施以正确的正火处理（正火温度：$Ac_3$ 或 $Acm$ 以上 30~50℃） |

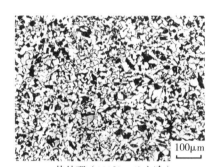

热处理（800℃×1h空冷）

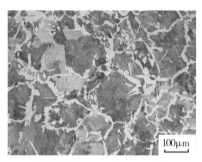

热处理不当（1240℃×1h空冷）

冲击值：
55J/cm²

正常铸件

冲击值：
8J/cm²

有缺陷铸件

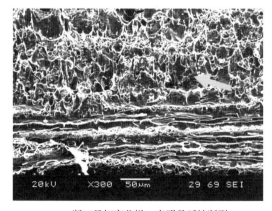

断口呈韧窝花样，表明是延性断裂

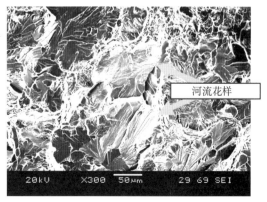

河流花样

断口呈河流花样，表明是脆性断裂

冲击试样的断口形貌

| 缺陷名称 | J—04—FCD）冰糖状断口（rock candy fracture surface） |
|---|---|
| 产品名称 | 横浇道 |
| 铸造法 | 湿型铸造 |
| 材质和热处理 | 球墨铸铁，FCD600，铸态 |
| 铸件质量 | 28kg（$\phi70 \times 1000$mm） |
| 缺陷状态 | 打断横浇道后发现像冰糖破裂面一样的台阶状不均匀断口。这种断口被称为冰糖状断口，多见于铸钢，在铸铁中沿整列石墨断裂时出现此类断口。铸造大型铸件时通常要添加 Bi，当 $w$（Bi）<0.001% 时，随 Bi 量的增加石墨数量增加，但超过 0.003% 后产生整列石墨。$w$（Ni）和 $w$（Si）高时容易形成整列石墨<br>拍摄扫描电镜照片时，用背反射电子成像就能突出原子序数效应，提高化学成分不同所产生的衬度。背反射电子像也叫做 COMPO 像，在 COMPO 像中石墨显得比普通 SEM 像更黑 |
| 缺陷位置 | 横浇道中心部 |
| 原因（推测） | 1）添加了过多的 Bi<br>2）Ni 含量过高 |
| 对策 | 1）根据铸件的质量计算和添加最佳 Bi 含量<br>2）降低 Ni 的含量。 |

|20mm|10mm|
|---|---|
|不均匀断口形貌|不均匀断口放大|

| SEM像 | 不均匀断口 | COMPO像 |
|---|---|---|

| 缺陷名称 | J—04—SC）冰糖状断口（rock candy fracture surface） |
|---|---|
| 产品名称 | 车辆零件 |
| 铸造法 | 湿型铸造 |
| 材质和热处理 | SCMn2，淬火＋回火 |
| 铸件质量 | 132kg |
| 缺陷状态 | 断口上可看到沿同一方向排列的晶粒，力学性能显著下降 |
| 缺陷位置 | 可在铸件任何部位发生，但壁厚变化较大或厚断面处更显著 |
| 原因（推测） | 1）作为脱氧剂 Al 的用量过多<br>2）含氮量高<br>3）壁厚尤其是壁厚变化太大<br>4）Ca-Si 系脱氧剂的添加量少 |
| 对策 | 1）减少 Al 的添加量<br>2）缩短钢液在高温下的保持时间<br>3）厚断面处设置冷铁<br>4）增加 Ca-Si 系脱氧剂的用量 |

正常断口

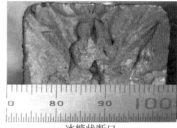
冰糖状断口

热处理后断口

**化学成分的标准值、正常值和异常值**　　　　　　（%，质量分数）

| 内　容 | C | Si | Mn | P | S | Al |
|---|---|---|---|---|---|---|
| 标准值 | ≤0.29 | 0.30 ~ 0.60 | ≤1.50 | ≤0.05 | ≤0.05 | — |
| 正常值 | 0.23 | 0.51 | 1.21 | 0.015 | 0.010 | 0.056 |
| 异常值 | 0.23 | 0.52 | 1.20 | 0.016 | 0.009 | 0.124 |

力学性能 拉伸试样：$\phi$14mm，$L$=70mm；冲击试样：2mm V 形缺口

| 内　容 | 抗拉强度/MPa | 屈服强度/MPa | 延伸率（%） | 断面收缩率（%） | 硬度/HBW | 冲击功/ J（−29℃） |
|---|---|---|---|---|---|---|
| 规格 | ≥490 | ≥280 | — | — | 149 ~ 197 | ≥11.0 |
| 正常品 | 513 | 383 | 36.4 | 68.2 | 152 | 55.9 |
| 异常品 | 571 | 376 | 10.4 | 17.7 | 170 | 14.7 |
| 热处理后 | 554 | 332 | 20.6 | 33.7 | 156 | 16.7 |

　　断口呈冰糖状断口时，试样的延伸率、断面收缩率和冲击功均显著下降。对这种铸件施以 1150℃保温 4h 后空冷＋正常淬火和回火的热处理，就能使延伸率、断面收缩率和冲击功明显提高，但与不产生冰糖状断口的正常铸件相比，其力学性能仍很低。因此，要求添加适量的 Al 脱氧剂

| 缺陷名称 | J—05—FCD）尖钉状断口（spiky fracture surface） |
|---|---|
| 产品名称 | 货车零件 |
| 铸造法 | 湿型铸造 |
| 材质和热处理 | 球墨铸铁，FCD700，铸态 |
| 铸件质量 | 125kg |
| 缺陷状态 | 打断冒口后其断口上呈现白色斑点，斑点内部显微组织为整列石墨。此类缺陷显著降低力学性能 |
| 缺陷位置 | 冒口根部等厚断面或壁厚变化大的部位 |
| 原因（推测） | 1）碳当量低<br>2）$w(Cr)$ 和 $w(Mn)$ 高<br>3）断面厚或断面变化大<br>4）孕育处理不充分 |
| 对策 | 1）增加含碳量<br>2）减少 Cr 和 Mn 的含量<br>3）厚断面处设置冷铁<br>4）加大孕育剂的量并施以铁液流孕育 |

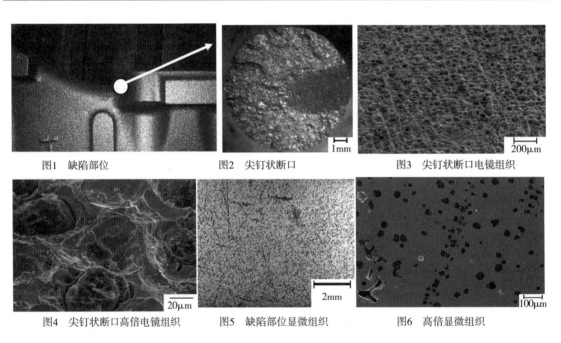

图1　缺陷部位　　　　　图2　尖钉状断口　　　　图3　尖钉状断口电镜组织

图4　尖钉状断口高倍电镜组织　　　图5　缺陷部位显微组织　　　图6　高倍显微组织

　　图 1 是缺陷部位照片，图 2 是从铸件切取的拉伸试样的断口宏观形貌，其中右侧黑色区域为尖钉状断口，仔细观察可发现其中的树枝晶花纹。图 3 是尖钉状断口的 SEM 形貌，断口上整齐排列着球状石墨。图 4 是高倍断口形貌，可以看出石墨周围区域塑性变形而形成的延性断口。图 5 和图 6 是将尖钉状断口部位研磨抛光后的 SEM 显微组织（与光学显微镜组织相同）。球状石墨呈不均匀分布，有些石墨排列成直线。图 6 是高倍显微组织，在其左下角有显微缩孔，缩孔右边的白色小圆是研磨过程中石墨脱落而成的小坑。从以上观察可知，尖钉状组织是奥氏体枝晶间析出石墨的组织

## K) 力学性能缺陷

| | |
|---|---|
| 缺陷名称 | K—01—FCD）硬度不良（poor hardness，too high or low hardness） |
| 产品名称 | 转子 |
| 铸造法 | 消失模铸造 |
| 材质和热处理 | 球墨铸铁，FCD800，铸态 |
| 铸件质量 | 900kg（$\phi$400mm × $H$500mm） |
| 缺陷状态 | 当 $w$（B）> 0.0007% 时，石墨周围形成铁素体，硬度下降；$w$（B）> 0.005% 则形成碳化物 |
| 缺陷位置 | 整个铸件，与铸件大小无关 |
| 原因（推测） | 1）低合金高强钢废料，增碳材（B 处理电极）等炉料中的 B 进入铁液<br>2）由于凝固过程中在球状石墨周围析出 $Fe_{23}$（CB）$_6$，C 向石墨扩散，基体中 $w$（C）降低而形成铁素体 |
| 对策 | 1）严格管理炉料，防止 B 的混入<br>2）铁液中加入氧化铁，进行脱 B 处理<br>3）添加 Sn 等元素，补偿硬度下降 |

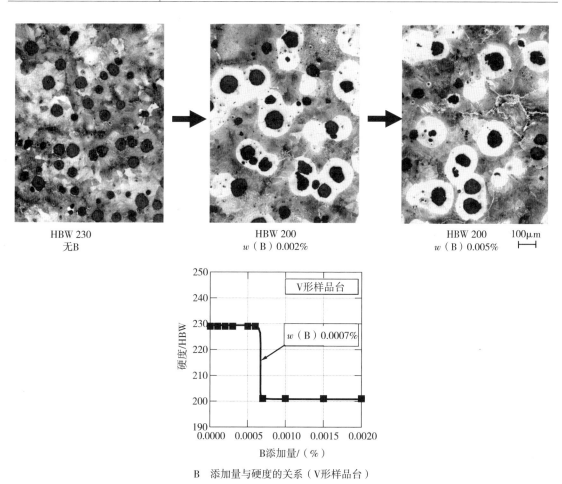

HBW 230 无B

HBW 200 $w$（B）0.002%

HBW 200 $w$（B）0.005%　100μm

B 添加量与硬度的关系（V形样品台）

## L) 使用性能缺陷

| 缺陷名称 | L—01—Zn）耐蚀性不良（poor corrosion resistance） |
|---|---|
| 产品名称 | 齿轮 |
| 铸造法 | 热压室压力铸造 |
| 材质和热处理 | ZDC2 |
| 铸件质量 | 0.02kg |
| 缺陷状态 | 铸件表面和内部产生龟裂，用手就能掰断 |
| 缺陷位置 | 铸件表面 |
| 原因（推测） | 金属液中杂质元素 Sn 的质量分数远远高于标准值，导致晶间腐蚀的发生。晶间腐蚀材料在高温高湿环境中容易发生龟裂，且使用三个月至数年后开始发生 |
| 对策 | 1）将 Pb、Cd、Sn 等杂质元素的含量控制在标准值以内。$w$（Pb）≤ 0.005%，$w$（Cd）≤0.004%，$w$（Sn）≤0.003%，且总量 <0.01%<br>2）严格控制成分不合格的废铁和返回料的使用<br>3）将抑制晶间腐蚀的元素 Mg 的含量控制在标准值（$w$（Mg）=0.020% ~ 0.06%）上限 |

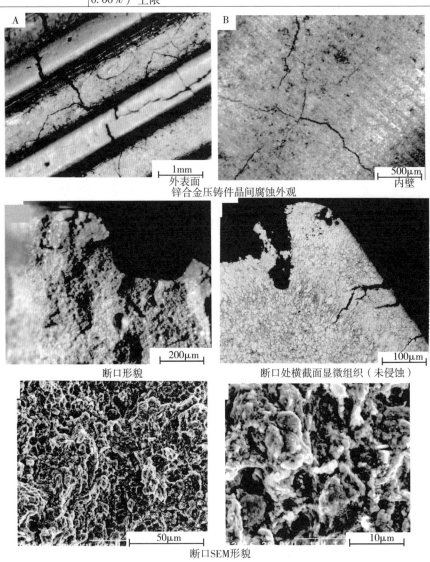

A　　　　　　　　1mm
外表面

B　　　　　　　　500μm
内壁

锌合金压铸件晶间腐蚀外观

200μm
断口形貌

100μm
断口处横截面显微组织（未侵蚀）

50μm

10μm

断口SEM形貌

184

| | |
|---|---|
| 缺陷名称 | L—02—FC）麻点（torn surface） |
| 产品名称 | 机床 |
| 铸造法 | 消失模铸造 |
| 材质和热处理 | 灰铸铁，FC250，铸态 |
| 铸件质量 | 2420kg |
| 缺陷状态 | 切削加工面上大量存在直径0.2mm左右的小孔 |
| 缺陷位置 | 切削加工面 |
| 原因（推测） | 1）切削速度太快<br>2）刀具状态不良<br>3）基体中碳化物过多<br>4）石墨粗大<br>5）含Si量高<br>6）切削时石墨脱落 |
| 对策 | 1）使用高精度机床<br>2）降低加工的进给速度<br>3）采取孕育处理和设置冷铁等措施，细化石墨<br>4）减少C和Si的含量<br>5）防止碳化物的生成 |

正常部位着色检查结果

缺陷部位着色检查结果

放大

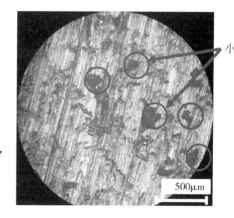

小孔部位放大

放大

小孔部位放大

185

# M) 其他缺陷

| 缺陷名称 | M—01—FCD）残留飞翅（residual fin） |
|---|---|
| 产品名称 | 汽车零件 |
| 铸造法 | 湿型铸造 |
| 材质和热处理 | 球墨铸铁，FCD400，铸态 |
| 铸件质量 | 4.5kg |
| 缺陷状态 | 分型面上残留有飞翅 |
| 缺陷位置 | 分型面 |
| 原因（推测） | 通常用去飞翅机去除分型面飞翅，而去飞翅机的刀具没有调整好，处理后仍残留飞翅 |
| 对策 | 调整去飞翅夹具和刀具 |

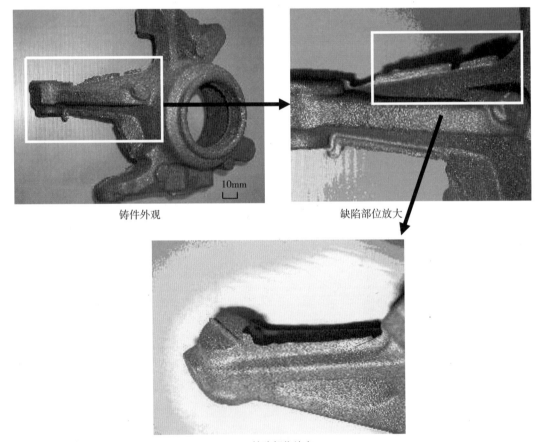

铸件外观　　　　　　　　　　　缺陷部位放大

缺陷部位放大

| 缺陷名称 | M—02—FC）残留黑皮（residual black skin） |
|---|---|
| 产品名称 | 汽车零件 |
| 铸造法 | 湿型铸造 |
| 材质和热处理 | 灰铸铁，FC250，铸态 |
| 铸件质量 | 4.8kg |
| 缺陷状态 | 加工余量小，切削加工后残留黑皮 |
| 缺陷位置 | 尺寸小的部位 |
| 原因（推测） | 1）加工余量小<br>2）缩尺设定有误<br>3）因夹具内残留切屑等异物，工件安装不正 |
| 对策 | 1）预留与铸造方法相适应的加工余量<br>2）根据铸件形状和材质设定正确的缩尺<br>3）加工时防止异物进入安装工件用夹具 |

残留黑皮

50mm

缺陷部位

| 缺陷名称 | M—03—Al）切口缺肉（压铸体）（inside cut） |
|---|---|
| 产品名称 | 变速箱盖 |
| 铸造法 | 普通压力铸造 |
| 材质和热处理 | 铝合金，ACD12，铸态 |
| 铸件质量 | 6.5kg |
| 缺陷状态 | 切断浇道产生缺肉 |
| 缺陷位置 | 浇道部位 |
| 原因（推测） | 1）内浇道，通气孔与铸件的接合部位形状不好<br>2）在浇道或冒口等部位残留有激冷层碎片和氧化皮 |
| 对策 | 1）内浇道，冒口（原文为浇口杯—译者注）和通气孔与铸件接合部要倒角<br>2）改变内浇道的开设位置和方法<br>3）采取措施防止激冷和激冷层碎片的产生<br>4）净化金属液或改进浇注方法，以防止氧化皮和氧化物混入金属液<br>5）改进压射方法 |

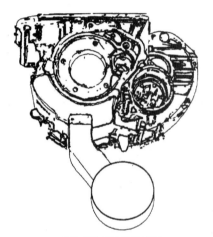

有缺肉缺陷的铸件简图

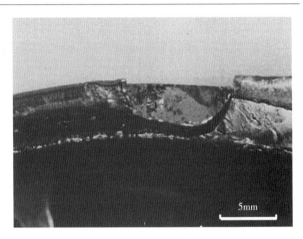

5mm

内浇道切口缺肉

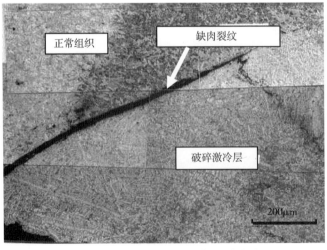

正常组织

缺肉裂纹

破碎激冷层

200μm

缺肉处组织（激冷层碎片滞留在内浇道）

| 缺陷名称 | M—04—FCD）铸件弯曲（铸件变形）（warped casting，casting distortion，deformed mold，mold creep） |
|---|---|
| 产品名称 | 汽车零件 |
| 铸造法 | 湿型铸造 |
| 材质和热处理 | 球墨铸铁，FCD400，铸态 |
| 铸件质量 | 4.5kg |
| 缺陷状态 | 铸件变形，形状不符合图样要求 |
| 缺陷位置 | 较细的臂状部位 |
| 原因（推测） | 受外力作用而弯曲，主要原因是铸件温度较高的情况下落砂作业时受到外力的强烈作用，在振动传送机上受到多次冲击；冷却到室温后<br>输送时被履带卡住；清砂时被喷丸机传送履带内衬板卡住 |
| 对策 | 针对外部力<br>1）开箱和落砂时避免被机械卡住<br>2）输送和喷丸时避免被卡住<br>3）为防止不合格品出厂，用样板进行检查 |

正确形状

弯曲

形状不良

| 缺陷名称 | M—05—FC）打磨缺肉（crow's feet） |
|---|---|
| 产品名称 | 汽车零件 |
| 铸造法 | 湿型铸造 |
| 材质和热处理 | 灰铸铁，FC200，铸态 |
| 铸件质量 | 5.6kg |
| 缺陷状态 | 切除飞翅、内浇道和掉砂等部位后进行打磨时，磨到正常铸件表面以下，造成缺肉 |
| 缺陷位置 | 飞翅、内浇道及掉砂部位 |
| 原因（推测） | 打磨时磨到正常铸件表面以下，自动化打磨时，打磨深度设定有误 |
| 对策 | 1）利用去除飞翅和内浇道的样品，对工人进行教育和质量判定<br>2）设计成容易去除的内浇道的形状<br>3）实现无飞翅化铸造<br>4）根据铸件形状设计自动化作业 |

10mm

缺陷部位放大

| 缺陷名称 | M—05—FCD）打磨缺肉（crow's feet） |
|---|---|
| 产品名称 | 汽车零件 |
| 铸造法 | 湿型铸造 |
| 材质和热处理 | 球墨铸铁，FCD450，铸态 |
| 铸件质量 | 3.9kg |
| 缺陷状态 | 除飞翅打磨时，磨到正常铸件表面以下，造成缺肉 |
| 缺陷位置 | 需要打磨修正的飞翅部位 |
| 原因（推测） | 1）夹具和夹紧不正，导致工件倾斜<br>2）砂轮找正不良 |
| 对策 | 1）零件要正确安装在夹具中后打磨，要把规范写进操作说明书中，并训练操作人员<br>2）更换夹具和砂轮时，要仔细找正 |

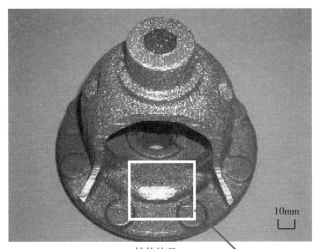

铸件外观

10mm

缺陷部位放大

| 缺陷名称 | M—06—FC）浇道冒口断口缺肉（broken casting at gate, riser or vent） |
| --- | --- |
| 产品名称 | 汽车零件 |
| 铸造法 | 湿型铸造 |
| 材质和热处理 | 灰铸铁，FC250，铸态 |
| 铸件质量 | 6.8kg |
| 缺陷状态 | 内浇道、通气孔、冒口和排渣冒口的根部与铸件的接合部位发生断裂，形成不规则的局部断口，有时能看到断口表面已氧化 |
| 缺陷位置 | 内浇道、通气孔、冒口和排渣冒口的根部与铸件接合处 |
| 原因（推测） | 1）内浇道、通气孔和排气冒口的尺寸过大<br>2）浇道冒口根部与铸件接合部位没有缩颈和缩颈太小 |
| 对策 | 1）根据铸件尺寸决定内浇道、通气孔和排渣冒口的根部尺寸<br>2）设计根部缩颈<br>3）先用砂轮磨成根部缺口后再去除内浇道、通气孔和排渣冒口<br>4）开型、搬运和清理时要十分小心 |

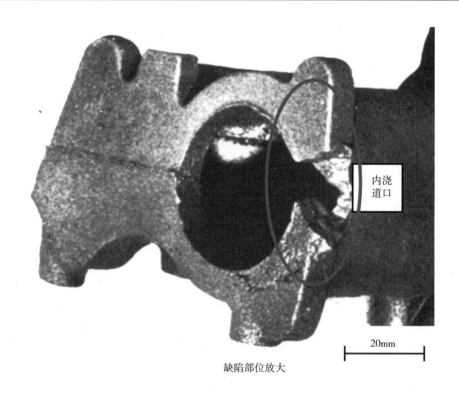

内浇
道口

20mm

缺陷部位放大

（（社）日本鋳造工学会·国際鋳物技術委員会編「国際鋳物欠陥分類図集」（2004）P275）

| 缺陷名称 | M—06—FCD）浇道冒口断裂带肉（broken casting at gate riser or vent） |
|---|---|
| 产品名称 | 转子 |
| 铸造法 | 消失模铸造 |
| 材质和热处理 | 球墨铸铁，FCD800，铸态 |
| 铸件质量 | 900kg（$\phi$400mm×1500mm） |
| 缺陷状态 | 小直径内浇道和冒口的根部与铸件的接合部位发生断裂，形成不规则的局部断口 |
| 缺陷位置 | 小直径内浇道和冒口的根部与铸件接合处 |
| 原因（推测） | 1）内浇道、通气孔和冒口的尺寸过大<br>2）浇道、冒口根部与铸件接合部位没有缩颈或缩颈太小，打磨时磨掉部分铸件表面 |
| 对策 | 1）根据铸件尺寸决定内浇道、通气孔和排渣冒口的根部尺寸<br>2）设计根部缺口，根据情况还可以采用缩颈冒口<br>3）开型、搬运和清理时要十分小心<br>4）先用砂轮作根部缺口后再去除内浇道、通气孔和排渣冒口 |

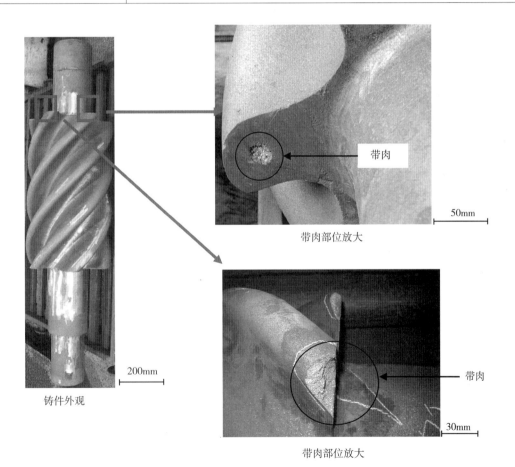

铸件外观

带肉部位放大

带肉部位放大

带肉

带肉

200mm

50mm

30mm

| 缺陷名称 | M—07—FC）切口缺肉 |
|---|---|
| 产品名称 | 汽车零件 |
| 铸造法 | 湿型铸造 |
| 材质和热处理 | 灰铸铁，FC200，铸态 |
| 铸件质量 | 5.1kg |
| 缺陷状态 | 加工面端部缺肉 |
| 缺陷位置 | 切削加工中刀具最后离开铸件的部位。在薄断面处和端部容易产生此缺陷 |
| 原因（推测） | 切削加工中刀具最后离开铸件时，若该处恰好有铁素体层等脆弱区（强度低的区域），就会发生此类缺陷。从铸造方面来说，由于冷却速度过快，析出共晶石墨和铁素体 |
| 对策 | 1）添加抑制铁素体析出的元素<br>2）优化孕育剂的种类和添加量<br>3）设置排渣冒口，或增加铸件壁厚，抑制共晶石墨的析出<br>4）改变切削条件（转速、进给速度和刀具形状等） |

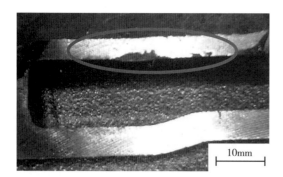

缺陷部位

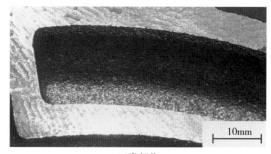

正常部位

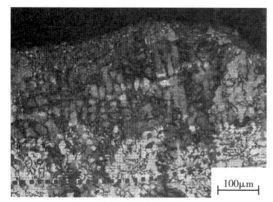

缺陷部位组织

沿共晶铁素体（点线）缺肉

| 缺陷名称 | M—08—FC）裂纹（crack） |
|---|---|
| 产品名称 | 汽车零件 |
| 铸造法 | 湿型铸造 |
| 材质和热处理 | 灰铸铁，FC200，铸态 |
| 铸件质量 | 8.8kg |
| 缺陷状态 | 铸件局部有裂纹，断口未氧化。比"压痕"严重 |
| 缺陷位置 | 铸件之间可能碰撞的部位，打断内浇道时的锤击部位 |
| 原因（推测） | 1）铸件之间剧烈碰撞而开裂<br>2）受铁锤打击而开裂 |
| 对策 | 1）搬动和搬运时减小落差（不要从高处落下）<br>2）一批多件喷丸时投入橡胶等缓冲剂<br>3）采用冲击力较小的喷丸处理<br>4）禁止抛投铸件<br>5）加强操作者的训练，避免打断内浇道时锤击铸件，或采用机械化切除内浇道 |

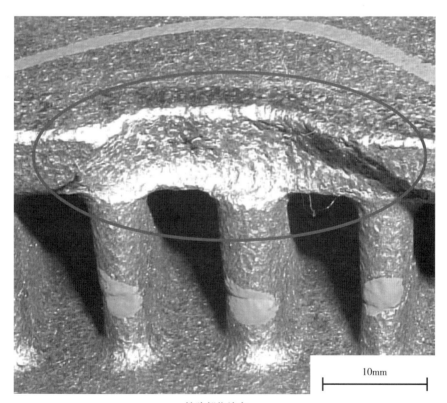

缺陷部位放大

| 缺陷名称 | M—09—FC）压痕（impression） |
|---|---|
| 产品名称 | 汽车零件 |
| 铸造法 | 湿型铸造 |
| 材质和热处理 | 灰铸铁，FC200，铸态 |
| 铸件质量 | 5.8kg |
| 缺陷状态 | 铸件局部有冲击产生的压痕，压痕表面光滑 |
| 缺陷位置 | 工艺结构部位（浇道、冒口等）和铸件的受撞击部位 |
| 原因（推测） | 1）开型后搬运中，喷丸和装箱过程中，铸件之间碰撞<br>2）搬运时直浇道、横浇道和冒口与铸件碰撞<br>3）打断内浇道时锤子碰撞铸件 |
| 对策 | 1）搬动和搬运时减小落差（不要从高处落下）<br>2）一批多件喷丸时投入橡胶等缓冲剂<br>3）采用冲击力较小的喷丸处理<br>4）禁止抛投铸件<br>5）加强操作者的训练，避免打断内浇道时锤击铸件，或采用机械化切除内浇道 |

铸件外观

196

| 缺陷名称 | M—09—FCD）压痕（impression） |
|---|---|
| 产品名称 | 汽车零件 |
| 铸造法 | 湿型铸造 |
| 材质和热处理 | 球墨铸铁，FCD450，铸态 |
| 铸件质量 | 3.5kg |
| 缺陷状态 | 铸件外表面凹陷 |
| 缺陷位置 | 铸件外缘突出部位 |
| 原因（推测） | 由于捶击时用力过猛（包括与其他物件的碰撞）以及被机械卡住等原因，铸件材料缺肉。主要是发生在铸件温度较高的情况下落砂作业时<br>　1）受到外界的强烈作用<br>　2）在振动传送机上受到多次冲击<br>　3）冷却到室温后输送时被履带卡住<br>　4）喷丸机内被履带或内衬板卡住 |
| 对策 | 尽量避免捶击时用力过猛（包括与其他物件的碰撞）以及被机械卡住，铸件搬运和处理时要十分小心<br>　1）控制铸件下面的砂量，避免开型后铸件碰到摇动筛的金属部位<br>　2）经常保养搬运机械的裙板 |

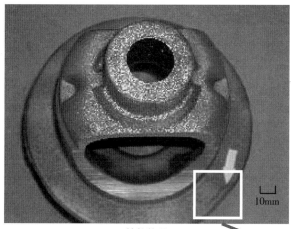

铸件外观

缺陷部位放大

| 缺陷名称 | M—10—FC）喷丸粒残留（residual shot） |
|---|---|
| 产品名称 | 机床零件 |
| 铸造法 | 消失模铸造 |
| 材质和热处理 | 灰铸铁，FC250，铸态 |
| 铸件质量 | 3500kg（2200mm×2000mm×500mm） |
| 缺陷状态 | 铸件内残留喷丸用丸粒 |
| 缺陷位置 | 丸粒不易掉落的部位 |
| 原因（推测） | 1）铸造孔径小等铸件结构本身问题<br>2）喷丸后翻转铸件时丸粒没有被清除干净<br>3）产品出厂时检查不彻底 |
| 对策 | 1）加大铸造孔径，使丸粒容易掉落<br>2）喷丸后翻转铸件时彻底清除丸粒<br>3）出厂前进行彻底检查 |

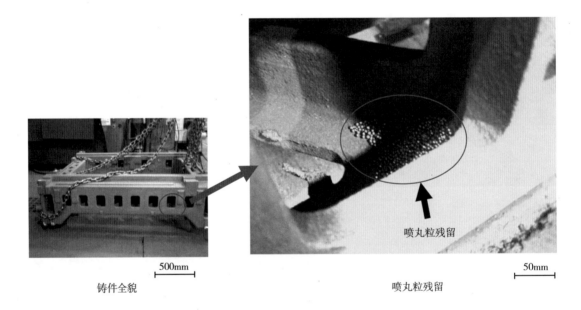

500mm

铸件全貌

喷丸粒残留

50mm

喷丸粒残留

# 7. 解说

## 7.1 铸铁断口分析

### 7.1.1 断口与断口学

　　首先根据《机械工学事典》[一]，对断口作如下描述。材料在外力作用下发生断裂时，大多数情况下产生一对新生表面，这对新生面称为断口。分析断口的方法称为断口学，它是用肉眼和显微镜定量解析断口的几何形貌特征和尺寸，据此分析和判明断裂机制和断裂条件的方法。

　　金属材料的断裂机制可分为三大类：解理断裂、微空洞长大及合并引起的断裂、沿滑移面分离的切断。断裂形态有疲劳断裂、蠕变断裂、应力腐蚀断裂、延性断裂、脆性断裂、沿晶断裂和穿晶断裂。断口学主要论述一般金属材料的疲劳断口和冲击断口。关于断口学的更详细的内容可参考专门书籍[二,三]。

　　分析断裂事故是从现场调查开始的，所以必须保存现场。对于铸件断裂事故来说，完整地保存断口是必不可少的。断口分析的主要目的是确定断裂的形态和研究断裂的原因。例如，铸件在冷却过程中断裂的场合，如果断口已经显著氧化，则可判定为高温下断裂；几乎没有氧化，则是低温断裂。在使用过程中断裂的场合，断口分析的目的是搞清断裂形态是延性断裂、脆性断裂[四]还是疲劳断裂[五]，并进一步研究断裂的原因。本文主要涉及铸铁在拉应力作用下的断裂，而且将范围限定在铸铁所特有的现象，介绍断口分析方法、原理和实例。

### 7.1.2 灰铸铁断口粗糙度和石墨组织

　　铸铁的力学性能与石墨形态有密切的关系[六]。一般利用显微镜观测石墨形态。但是这不仅非常耗时，而且在试样的大范围面积上定量测量石墨是非常困难的。中江指出，为了高精度地测量铸铁断口中基体断裂的比例，必须在扫描电子显微镜下至少观测 20 个视场[七]，而要测量片状石墨中 A 型和 D 型石墨的面积率，则必须在 50 倍下至少观测 30 个视场[八]。另一方面，一个熟炼的技术人员仅从断口就能判断石墨形状的好坏。在《铸铁的材质》[九]一书中用大

[一]　日本機械学会編：機械工学事典（丸善）（1997，8）

[二]　吉田 亨：金属破断面の見方（日刊工業新聞社）（1970）

[三]　藤木 栄：機械部品の疲労破壊・破断面の見方（日刊工業新聞社）（2002）

[四]　P. J. Rickards：J. Iron and Steel Inst.（1971，3）190

[五]　K. Morton and P. Watson：Metals Technology（1974，7）258

[六]　加山延太郎，安部喜左男，正木幸雄：鋳物 34（1962）169

[七]　中江秀雄，清佑 等：鋳物 52（1970）481

[八]　中江秀雄，勝山利宏：鋳物 67（1995）782

[九]　加山延太郎著・編：鋳鉄の材質 コロナ社（1962）56

量的篇幅对这一方法作了介绍。

直径为30mm的铸铁试样中典型石墨的光学显微镜组织如图7.1-1所示。这些试样的拉伸断口的扫描电镜观察结果如图7.1-2所示。比较两者即可看出，断口的粗糙度与石墨大小有关。灰铸铁大部分沿石墨发生断裂[一]，所以断口的粗糙度与石墨大小有关是容易理解的。

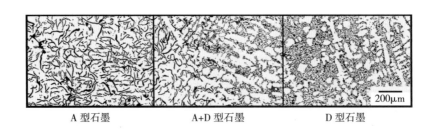

A 型石墨　　　　　　A+D 型石墨　　　　　　D 型石墨

图 7.1-1　直径 30mm 试样的石墨组织

A 型石墨　　　　　　A+D 型石墨　　　　　　D 型石墨

图 7.1-2　与图 7.1-1 同一试样拉伸断口的 SEM 观察结果

中江利用激光位移计，无接触条件下测量断口粗糙度，并建立了粗糙度与石墨形态的关系[二]。断口中大的起伏和石墨断裂有关的小的起伏重叠，所以必须先区别两种起伏。为此，从表面粗糙度的实测值减去移动平均值，就得到石墨引起的粗糙度。

图 7.1-3 上图是 A 型石墨试样的表面粗糙度的实测值（细线）和移动平均值（粗线）。从前者减去后者便得到石墨引起的粗糙度，如图 7.1-3 下图。D 型石墨试样的测量结果如图 7.1-4 所示。比较两者就可以看出，A 型石墨断口的起伏很大，而 D 型石墨断口比较平坦，这一差别是石墨大小不同所产生的。利用上述方法，可在短时间内以非接触方式测量大面积上的石墨形态。这就是熟炼的技术人员能够通过观察断口来判断石墨形态好坏的方法。

---

　⊖　中江秀雄：鋳造工学 産業図書（1995）34

　⊜　中江秀雄，辛 ホチョル，橋原直樹：鋳造工学 74（2002）644

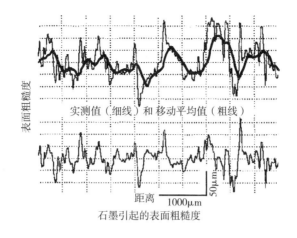

实测值（细线）和移动平均值（粗线）

距离

1000μm 50μm

石墨引起的表面粗糙度

图 7.1-3　A 型石墨铸铁断口的粗糙度

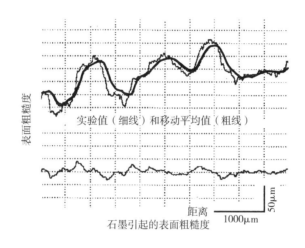

实验值（细线）和移动平均值（粗线）

距离

50μm

1000μm

石墨引起的表面粗糙度

图 7.1-4　D 型石墨铸铁断口的粗糙度

### 7.1.3　球墨铸铁断口

球墨铸铁的断口不像灰铸铁那样复杂多样，比较简单，断口的详细情况可参考原田等人的著作[一]。在这里只阐述典型断口和某些特殊断口。

球墨铸铁的典型断口有延性断口和脆性断口。图 7.1-5 给出了铁素体基体球墨铸铁的延性断口和脆性断口以及珠光体基体球墨铸铁的延性断口[二]。从延性断口中可以看到石墨周围基体变形而形成的韧窝，呈显著的表面凹凸。与此相反，脆性断口比较平滑，基体中可以看到像航拍照片中江河一样的所谓"河流花样"。延性断口上石墨的面积分数看起来大于 10%，

[一]　原田昭治，小林俊郎，野口　徹，鈴木秀人，矢野　満：球状黒鉛鋳鉄の強度評価（アグネ技術センター）（1999）

[二]　中江秀雄：鋳造工学 77（2005）51

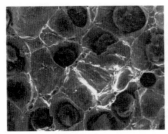 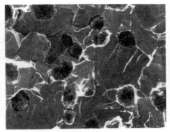 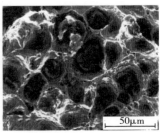

50μm

| 铁素体基体球墨铸铁的<br>延性断口 | 铁素体基体球墨铸铁的<br>脆性断口 | 铁素体–珠光体基体球墨<br>铸铁的延性断口 |

图 7.1-5　球墨铸铁的典型拉伸断口（照片提供者：北大 野口教授）

这是因为裂纹沿石墨表面扩展，断口表面凹凸不平的缘故。在平坦的脆性断口上石墨的面积分数与光学显微镜下观察的结果差不多。

铁素体-珠光体基体球墨铸铁在延性断裂的情况下，由于基体是铁素体和珠光体的混合物，断口显得复杂一些，但本质上与铁素体的延性断口相同。

以下阐述球墨铸铁的某些特殊的断口。延伸率大的铁素体基体球墨铸铁的拉伸断口如图 7.1-6 所示。在宏观断口上一些局部区域呈黑灰色（特殊情况下完全呈黑色），其余部分呈银灰色。如果将断口略微倾斜或改变照明方向，则整个断口呈银灰色，这说明本质上并不存在黑灰色区域。用扫描电镜观察结果如图 7.1-7 所示，黑色断口区是铁素体显著变形后断裂的深的韧窝，而银灰色区域中韧窝较浅。呈黑色是因为该区域铁素体变形量大，断口有大量针状凸起，入射光在这种凹凸不平的面上多次反射和衰减，反射光很弱，断口显得很暗。所以改变入射光的方向，黑色部分又变成了灰色。这是一个特殊的断口。

| 一般光线下观察 | 倾斜光线下观察 |

图 7.1-6　铁素体基体球墨铸铁的特殊断口宏观形貌

 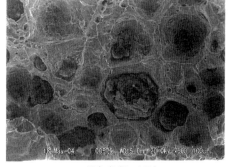

黑灰色断口区域　　　　　　　　　　　　银灰色断口区域

图 7.1-7　铁素体基体球墨铸铁的特殊断口 SEM 形貌

## 7.1.4　结语

铸铁的断口包含许多信息，如果熟炼地应用本文所介绍的断口分析方法，就能判定断裂的原因和石墨组织。为此，完整地保存断口以供观察是必不可少的。调查断裂事故要从现场开始，这是基本原则。

近年来，有一种干什么都想用最新仪器的倾向，但实际上只用肉眼观察就能完成的工作也不少。我觉得过分依赖仪器会丧失人类的五官感觉。以上介绍了根据灰铸铁的断口特征判明石墨形态宏观分布状况的方法。借此机会，希望重新认识断口的重要性和人的五感的重要性。

## 7.2　铸造缺陷的特性因素图

特性因素图是一种质量管理手段，其目的是对所产生的质量问题找出其原因。对于铸造缺陷来说，特性因素图的目的是通过综合分析，从众多的影响因素中找出哪些因素对缺陷产生起了多大的作用。

但在现实生活中却很少能看到公开发表的铸造缺陷特性因素图的全貌，究其原因，最重要的可能是由于关系到企业的技术秘密而不愿公开。但很多情况下也不完全是技术秘密的原因。实际上，由于影响铸件质量的因素太多，对于一种铸造缺陷，很难科学地总结出哪些因素起了何等作用，这也是不公开铸造缺陷特性因素图的真实原因之一。

本书是总结各种铸造缺陷产生的原因及其对策的书，因此没有铸造缺陷特性因素图就像缺了画龙点睛之笔。幸运的是，我们在编撰无冒口球墨铸铁制造技术调查报告时[○]，本书编委左藤兼二先生提供了很有价值的特性因素图。下面给出的就是经过少许订正的该特性因素

○　押湯不要の引けなし球状黒鉛鋳鉄鋳物製造技術に関する調査報告書：日本強靭鋳鉄協会（2004）23

图。这是关于球墨铸铁收缩缺陷的特性因素图，其中作为收缩缺陷的主要原因，列出了 A. 原铁液特性到 H. 铁液补缩等各种因素，且对每一种因素作了进一步的细化。

在生产实践中可根据这些细化的因素来控制铸件质量。对于收缩以外的其他缺陷，也可以参考这个特性因素图，编制自己的特性因素图，并用以防止铸造缺陷产生。

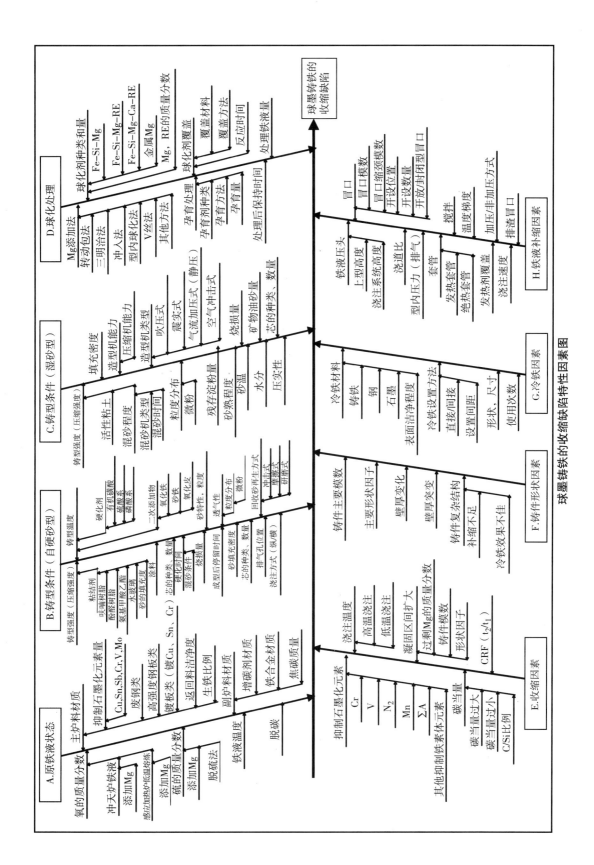

球墨铸铁的收缩缺陷特性因素图

## 7.3　尺寸不合格，尺寸超差（wrong size, improper shrinkage allowance）

| | |
|---|---|
| 概要 | 铸件尺寸不符合图样要求，经退火后矫正仍达不到要求，无法进行机械加工等下一步工序而成为废品 |
| 原因 | 1）设计时未考虑公差或加工余量太小<br>2）缩尺选取不当<br>3）模板变形。模样尺寸发生变化<br>4）造型时舂砂过度<br>5）砂型硬度太低，浇注后出现胀砂<br>6）铁液的碳当量变动大<br>7）因压铁质量不够而产生抬箱，或因压铁质量过大，砂型塌陷 |
| 对策 | 1）对细长铸件要留出足够的加工余量<br>2）根据铸件形状和铁液成分选取正确的缩尺<br>3）使用未变形的模板<br>4）造型时要适度舂紧，振动不要太大<br>5）减少铁液碳当量的变动<br>6）选择适当的压铁质量 |

（日本鋳物協会・可鍛鋳鉄部編「可鍛鋳鉄の不良」（1964）（アグネ）P52）

## 7.4 模样错误（excess rapping of pattern，deformed pattern，pattern error）

| | |
|---|---|
| 缺陷状态 | 铸件形状与模样相同，但铸件全部或局部尺寸与图样不符，且每次铸造都重复同样的缺陷 |
| 缺陷位置 | 可以在任何铸件中发生，但在细长的和平板状铸件中更容易发生 |
| 原因（推测） | 1）模样的尺寸有错误<br>2）木材的材质差，或木材种类不宜制作模样<br>3）模样装配质量差，其质量等级达不到铸造模样的要求<br>4）模样储存在温度变化和湿度大的场所，堆放在不平的台面上<br>5）安装在造型机上的模板变形导致模样变形<br>6）模样从砂型吸收水分<br>7）喷漆不均匀或漆的质量不符合要求 |
| 对策 | 1）废弃尺寸有错误的模样<br>2）选择适合作模样的木材种类和材质<br>3）要正确组装模样并进行仔细的检查<br>4）保存在环境条件适当的场所，并堆放在平坦的平台上<br>5）组装时要保证均匀的装配力<br>6）造型完成后尽快从砂型中取出模样<br>7）喷漆要均匀 |

（国际鋳物技術委員会編「国際鋳物欠陥分類図集」（1975）（（社）日本鋳物協会）P294）

## 7.5　电导率不良（poor electrical conductivity）

　　作为金属材料的导电能力的指标，一般用 IACS 单位（International Annealed Copper Standard：20℃ 下 Cu 为 $0.15328\Omega/m \cdot g$）的比电阻或电导率的相对百分数（以 $58.0\ m/\Omega mm^2$ 的电导率为 100%）来表示。铜是仅次于银的导电性好的金属材料。在 JIS H5120 中规定了三种铸造铜合金，其物理性质即电导率标准值分别为 50、60 和 80 以上。铜中含有 Al、Si 和 P 等杂质时，电导率下降，低于 JIS 标准值。下图给出了 Al、Si 和 P 等杂质对铜电导率的影响。

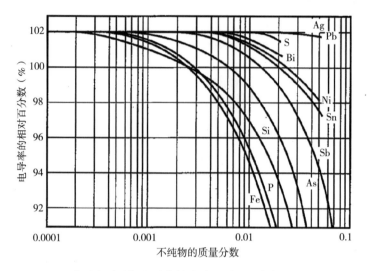

微量杂质对铜电导率的影响（对于无氧铜）

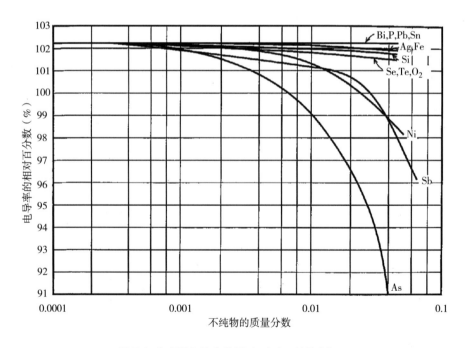

微量杂质对铜电导率的影响（对于精炼铜）

（社团法人　日本非鉄金属鋳物協会　非鉄金属鋳物の標準用語編 1998 年 5 月
　素形材センタ ：銅合金鋳物の生産技術 P72，73，74）

208

## 7.6  偏析$^{\ominus}$ (segregation)

- 反偏析 (inverse segregation)

与相图所预测的偏析相反的偏析叫做反偏析。例如，Cu-Sn，Cu-Sn-Pb 合金的平衡分配系数小于 1，但凝固初期固相中溶质的质量分数高，随着凝固的进行，固相溶质的质量分数逐渐降低。也就是说，根据相图，随凝固的进展，固相溶质的质量分数应逐渐升高，而反偏析的结果铸件表面溶质的质量分数高，中心溶质的质量分数低。

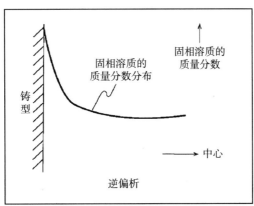

- 金属豆 (外渗物；sweating)

出汗是一种反偏析。凝固时富低熔点组元的金属液在凝固收缩或气体压力作用下通过已凝固层外渗到铸件表面，形成像汗珠一样的金属块。金属豆还伴随有铸件内部缩松。根据偏析元素的不同，可分为锡渗豆、铅渗豆和磷化物渗豆等。

- 正偏析 (normal segregation)

凝固后溶质分布符合相图的偏析叫作正偏析。像 Cu-Sn 合金那样平衡分配系数小于 1 的合金，凝固初期固相中溶质的质量分数低，随着凝固的进行，固相溶质的质量分数逐渐升高。

- 比重偏析 (gravity segregation)

比重不同的液相或液相中的固相分上下两层分布的现象称为比重偏析。像 Cu-Pb 合金那样的偏晶合金，凝固时析出比重差很大的固相的系统中容易产生比重偏析。

- 溶质偏析 (solute segregation)

合金凝固后局部溶质质量分数不均匀的现象称为溶质偏析，分为宏观偏析和微观偏析两种。

- 宏观偏析 (macroscopic segregation)

是溶质偏析的一种，在铸锭的宏观范围内的成分不均匀。宏观偏析包括正偏析，反偏析和比重偏析等。

- 微观偏析 (microscopic segregation)

是溶质偏析的一种，在几个微米到几百个微米范围内的偏析。微观偏析包括枝晶偏析和胞状偏析。

---

$\ominus$ （社团法人  日本非鉄金属鋳物協会  非鉄金属鋳物の標準用語編 1998 年 5 月素形材センタ：銅合金鋳物の生産技術 P19）

## 7.7 锌蒸气向炉壁渗透（zinc infiltration into refractory）

| 缺陷状态 | 在感应加热炉熔炼中，锌以蒸气形式向炉壁渗透，在冷却水附近冷凝，炉壁泄漏报警器动作 |
|---|---|
| 缺陷位置 | 电炉炉壁 |
| 原因（推测） | 炉料中镀锌铁板的量过多 |
| 对策 | 1）用沸腾法清除锌<br>2）减少炉料中镀锌铁板的量<br>3）把电炉作成扁平状，加速锌的蒸发（炉的高度和锌的含量有关，炉高最好是在1m以下）<br>4）将电炉内衬烧结成坚固的内衬 |

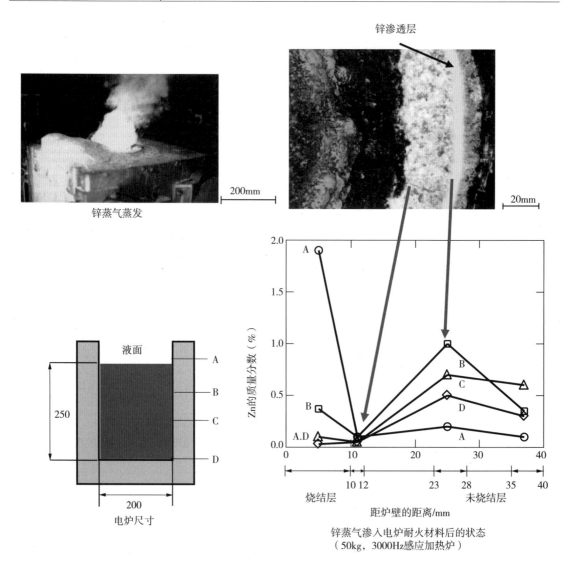

锌渗透层

200mm

20mm

锌蒸气蒸发

液面

250

200

电炉尺寸

Zn的质量分数（%）

距炉壁的距离/mm

烧结层　　未烧结层

锌蒸气渗入电炉耐火材料后的状态
（50kg，3000Hz感应加热炉）

## 7.8 《国际铸件缺陷图谱》中的分类

在前言中已经指出，国际上对铸造缺陷的名称作了统一的命名和分类。但在日本很少使用这些统一的名称也是事实。本书不拘泥于统一名称，重点阐述在铸造现场发生的各种缺陷属于哪一类缺陷，以及分析这些缺陷的成因及对策。

同时，本书编辑委员会的不少委员认为国际统一名称和分类是适当的。这个分类最近有些变化，但出于对先人的敬意，以下引用国际铸件缺陷图谱中的分类部分。其中 G200 异常组织一项已在最新版本中删除。所引用的《国际铸件缺陷图谱》是 1975 年出版的，有些名词与现在的用语有所不同。关于最新版本的名称、分类，请参考 ASM Handbook 15：Casting。

# A. 飞翅、多肉类

| 分类编号 | 特　　征 | 通用名称 | 示　意　图 |
|---|---|---|---|
| A100 | 飞翅、金属多肉 | | |
| A110 | 飞翅（铸件主要尺寸没有改变） | | |
| A111 | 分型面或芯头处的薄飞翅 | 飞翅 | |
| A112 | 铸件表面脉纹状凸起 | 脉纹 | |
| A113 | 压铸件表面网状凸起 | 网状飞翅 | |
| A114 | 位于铸件内外角和端部的薄片状凸起 | 针状飞翅 | |
| A115 | 位于铸件内角的薄片状凸起 | 内角飞翅 | |
| A120 | 飞翅（铸件主要尺寸发生变化） | | |
| A121 | 铸件在分型面处带有厚披缝 | 抬型(厚飞翅) | |

212

| 分类编号 | 特　　征 | 通用名称 | 示　意　图 |
|---|---|---|---|
| A122 | 分型面以外部位带有厚飞翅 | 型裂飞翅 | |
| A123 | 熔模精密铸造型壳开裂、铸件产生大片薄飞翅 | 型壳开裂 | |

**A200　金属块状多肉**

| | | | |
|---|---|---|---|
| A210 | 胀砂，多肉 | | |
| A211 | 铸件内、外表面多出的金属 | 外表面胀砂或内表面胀砂 | |
| A212 | 铸件内浇道附近或直浇道底部多出的金属 | 冲砂 | |
| A213 | 与合型方向一致的条状金属凸起 | 合型压坏 | |

（续）

| 分类编号 | 特　征 | 通用名称 | 示　意　图 |
|---|---|---|---|
| A220 | 表面粗糙的多肉 | | |
| A221 | 位于铸件的上表面的粗糙的多肉 | 塌型 | |
| A222 | 位于铸件的下表面的厚实的凸起 | 型（芯）裂，漂芯 | |
| A223 | 位于铸件的下表面的多肉 | 底部结疤 | |
| A224 | 位于铸件的其他部位的厚实的凸起 | 掉砂 | |
| A225 | 位于砂型面产生膨胀的铸件表面 | 内角夹砂结疤 | |
| A226 | 位于铸件内壁（紧贴砂芯表面）的金属凸起 | 砂芯压碎 | |

| 分类编号 | 特　征 | 通用名称 | 示　意　图 |
|---|---|---|---|
| A300 | **其他多肉** | | |
| A310 | 表面光滑的小块多肉 | | |
| A311 | 铸件表面、内角、外角处近似球状的金属豆 | 外渗物、磷化物渗豆 | |

# B. 孔洞类

| 分类编号 | 特　征 | 通用名称 | 示　意　图 |
|---|---|---|---|
| B100 | **肉眼可见的、近似圆形的、内壁光滑的孔洞**（气孔、针孔） | | |
| B110 | 位于铸件内部而未延伸到铸件表面的 B100 类孔洞，（通过特殊的方法，切削加工或打断铸件才能发现） | | |
| B111 | 圆形孔洞，多半内壁光滑，大小不等，孤立或成群不均匀地分布于整个铸件内部 | 气孔、针孔 | a)<br>b) |
| B112 | 同上，但仅局限于嵌铸物、冷铁、芯撑附近 | 靠近嵌铸物、冷铁和芯撑部位的气孔 | |
| B113 | 与 B111 相似，但气孔中有夹渣（渣孔 G122） | 夹渣气孔 | |
| B120 | 位于铸件表面或靠近铸件表面的 B100 类孔洞，大多是敞露的或至少是与铸件表面相通的 | | |
| B121 | 大小不等的 B120 类孔洞，孤立或成群分布，内壁有光泽 | 表面气孔和皮下气孔 | |
| B122 | 位于铸件内角处的 B120 类孔洞，常延伸至铸件的深处 | 角部热节气孔 | |

| 分类编号 | 特　征 | 通用名称 | 示　意　图 |
|---|---|---|---|
| B123 | 细小密集的孔洞群，不同程度地露出于铸件表面 | 表面针孔，皮下针孔 | |
| B124 | 位于铸件表面或沿着铸件边缘分布的裂缝状狭孔，垂至于表面，在切削加工后才暴露出来 | 裂纹状针孔 | |
| **B200** | **内壁粗糙的孔洞，缩孔** | | |
| B210 | 敞露的 B200 类孔洞，有时孔洞延伸至铸件的深处 | | |
| B211 | 漏斗状孔洞，孔壁一般为树枝状结晶组织 | 敞露缩孔 | |
| B212 | 厚壁铸件内角处的带锐利棱边的孔洞 | 内角缩孔 | |
| B213 | 砂芯表面的孔洞 | 芯面缩孔 | |
| B220 | 位于铸件内部的封闭的 B200 类孔洞 | | |
| B221 | 形状不规则的孔洞，孔壁常为树枝状结晶组织 | 内部缩孔 | |
| **B300** | **粗晶，大量微小孔洞组成的疏松组织** | | |
| B310 | 肉眼完全看不见或几乎看不见的 B300 类孔洞 | | |
| B311 | 铸件断面内部分散的缩孔 | 宏观缩松，微观缩松，铸件渗漏 | |

# C. 裂纹、冷隔类

| 分类编号 | 特 征 | 通用名称 | 示 意 图 |
|---|---|---|---|
| **C100** | **铸件受机械作用造成的裂纹** | | |
| | 肉眼可见的裂纹，从铸件的结构形状和断口外形进行分析，这类裂纹不是由铸造应力所造成的 | | |
| C110 | 未氧化的断口 | | |
| C111 | 断口未氧化，有时开裂处带有缺口 | 机械冷裂 | |
| C120 | 断口氧化的裂纹 | | |
| C121 | 整个断口表面或边缘部分完全氧化 | 机械热裂 | |
| **C200** | **铸件因内应力和收缩受阻所造成的断面开裂** | | |
| C210 | 应力冷裂 | | |
| C211 | 铸件在冷却过程中，于易受拉应力的部位出现全断面通透裂纹，断口表面未氧化 | 应力冷裂 | |
| C220 | 应力热裂 | | |
| C221 | 位于铸件应力敏感部位的形状不规则的裂口，断口表面氧化，并呈树枝状结晶。 | 应力热裂 | |
| C222 | 淬火过程中开裂 | 淬火裂纹 | |

| 分类编号 | 特 征 | 通用名称 | 示 意 图 |
|---|---|---|---|
| C300 | **由于金属流未完全熔合（冷隔），使铸件断面出现不连贯的冷隔缝（冷隔）。**<br><br>在充满型腔过程中，两股金属流未能完全熔合，并往往带有圆形的棱边 | | |
| C310 | 薄断面铸件中发生的熔合不良 | | |
| C311 | 铸件断面部分冷隔或全部冷隔。冷隔缝一般与铸件的平面相垂直 | 冷隔 | |
| C320 | 铸件中的两个部分熔合不良 | | |
| C321 | 在铸件的水平方向出现熔合不良的冷隔缝 | 冷隔（水平冷隔） | |
| C330 | 铸件在芯撑或嵌铸物附近出现局部未熔合的冷隔缝 | | |
| C331 | 金属嵌铸物附近出现局部的未熔合 | 熔合不良（嵌铸物部位冷隔） | |
| C400 | **冶金缺陷引发的裂纹** | | |
| C410 | 沿晶界的裂纹 | | |
| C411 | 沿枝晶一次轴方向的裂纹，呈贝壳状断口 | 晶界脆裂（冰糖状断口） | |
| C412 | 贯穿于铸件整个断面的网状裂纹（锌合金压铸件缺陷） | 晶间腐蚀 | |

# D. 表面缺陷类

| 分类编号 | 特　　征 | 通用名称 | 示　意　图 |
|---|---|---|---|
| **D100** | **铸件表面不平整** | | |
| D110 | 铸件表皮层的皱纹 | | |
| D111 | 铸件表面大面积的皱纹 | 皱皮 | |
| D112 | 铸件表面呈现凹凸不平的网状皱皮 | 象皮状皱皮 | |
| D113 | 连贯的波形凹纹，凹纹的两侧边缘在同一平面上，铸件表面光滑 | 皱皮（蛇状皱皮） | |
| D114 | 铸件表面显示金属流流动线路的痕迹 | 流痕 | |
| D120 | 表面粗糙 | | |
| D121 | 与砂型的砂粒粒度相一致的铸件表面粗糙 | 表面粗糙 | |
| D122 | 铸件表面的粗糙程度大于型砂颗粒的粗糙程度 | 表面异常粗糙（高压造型缺陷） | |
| D130 | 铸件表面的凹槽 | | |
| D131 | 长短不一的有时呈分枝状的凹槽，其边缘和底部较为光滑 | 沟槽 | |

| 分类编号 | 特　　征 | 通用名称 | 示　意　图 |
|---|---|---|---|
| D132 | 是一种深度可达5mm的凹槽，槽的一侧带有叠边，并或多或少地将凹槽的一侧盖住 | 鼠尾 | |
| D133 | 不规则分布在铸件表面的尺寸不一的凹痕，一般沿着金属流的流动路线分布（铸钢件） | 鱼尾纹状流痕 | |
| D134 | 整个铸件表面出现麻点状的凹痕 | 桔皮状麻面 | |
| D135 | 压铸件内角附近出现粗糙的凹痕 | 粘型 | |
| D140 | 铸件表面的陷窝 | | |
| D141 | 铸件在靠近热节的表面上出现陷窝 | 缩陷 | |
| D142 | 铸件表面出现圆形或半圆形的浅穴，其内表面通常呈灰绿色 | 陷窝 | |
| D200 | **严重的表面缺陷** | | |
| D210 | 铸件表面出现深的凹坑 | | |
| D211 | 铸件的下表面出现大面积的陷窝或凹坑 | 顶塌、挤箱 | |

| 分类编号 | 特　征 | 通用名称 | 示　意　图 |
|---|---|---|---|
| D220 | 铸件表面粘砂 | | |
| D221 | 铸件表面十分牢固地粘附着一层型砂 | 化学粘砂 | |
| D222 | 铸件表面粘附着一层部分熔化的烧结型砂 | 热粘砂 | |
| D223 | 在铸件的过热部位、铸件内角处以及与砂芯紧贴部位，出现型砂和金属紧密聚结在一起的凸起物 | 机械粘砂 | |
| D224 | 型壳的涂料壳层剥落并嵌入铸件表层（熔模精密铸造） | 型壳剥落 | |
| D230 | 铸件表面出现粗糙的层状金属凸起，一般与铸件表面平行 | | |
| D231 | 与铸件表面平行的、粗糙的片状金属凸起，可用錾子去除 | 夹砂结疤 | |

| 分类编号 | 特　征 | 通用名称 | 示　意　图 |
|---|---|---|---|
| D232 | 与 D231 相同，但凸起一定要通过切削加工或打磨才能去除 | 剥落结疤 | |
| D233 | 砂型或砂芯的涂层剥落，使铸件表面出现扁平状金属凸起 | 涂料结疤 | |
| D240 | 铸件在热处理（退火、石墨化退火）时生成的氧化皮 | | |
| D241 | 铸件在退火时表面产生氧化层 | 氧化皮 | |
| D242 | 铸件退火时，表面粘结矿石填料 | 填料熔结 | |
| D243 | 铸件经可锻化退火后，表面产生鳞皮 | 退火鳞皮 | |

# E. 浇不足、铸件残缺类

| 分类编号 | 特　　征 | 通用名称 | 示　意　图 |
|---|---|---|---|
| E100 | **无断裂，由缺损造成的不合格品** | | |
| E110 | 铸件的尺寸与图样不完全一致 | | |
| E111 | 铸件除在边、棱、角等部位略呈圆形外，其他部位基本上完整 | 浇不足 | |
| E112 | 由于修型不当或上涂料欠周到，使铸件的边缘和轮廓外形发生变化 | 修型不当，涂层不良 | |
| E120 | 铸件形状与模样差别较大 | | |
| E121 | 液态金属过早凝固，造成铸件外形不完整 | 严重浇不足 | |
| E122 | 液态金属不够，造成铸件外形不完整 | 未浇满 | |
| E123 | 浇注后，液态金属从铸型中漏出，造成铸件外形不完整 | 跑火、型漏（漏箱） | |
| E124 | 由于抛丸清理过度，导致铸件严重抛蚀 | 抛丸过度 | |
| E125 | 铸件在退火过程中，局部熔化或软化变形 | 退火时局部熔化或软化 | |

223

| 分类编号 | 特　　征 | 通用名称 | 示　意　图 |
|---|---|---|---|
| E200 | 局部断裂的铸件 | | |
| E210 | 铸件断裂 | | |
| E211 | 受力作用而断裂 | 铸件断裂 | |
| E220 | 铸件小块断裂 | | |
| E221 | 内浇道和冒口根部断裂 | 浇道、冒口带肉（内浇道、冒口或出气口处断裂） | |
| E230 | 断口表面已氧化 | | |
| E231 | 金属温度高，还比较软的时候打箱而断裂 | 高温断裂 | |

# F. 尺寸或形状差错类

| 分类编号 | 特　　征 | 通用名称 | 示　意　图 |
|---|---|---|---|
| F100 | 形状无误，尺寸差错 | | |
| F110 | 铸件所有尺寸都有差错 | | |
| F111 | 铸件所有的尺寸都有差错，差错的比例相同 | 收缩率选错 | |
| F120 | 铸件的个别尺寸不对 | | |
| F121 | 两个凸缘的间距尺寸过大 | 收缩受阻 | |

224

| 分类编号 | 特　　征 | 通用名称 | 示　意　图 |
|---|---|---|---|
| F122 | 铸件的若干尺寸不正确 | 不规则收缩 | |
| F123 | 某一方向、某两个方向甚至三个方向的铸件尺寸过大 | 模样松动过大 | |
| F124 | 垂直于分型面的铸件尺寸过大 | 砂型烘烤胀大 | |
| F125 | 铸件表面不规则地外凸，造成铸件壁厚增大（与胀砂缺陷 A211 相同） | 砂型未春紧，型腔扩大 | |
| F126 | 特别是在水平的壁厚太薄 | 模样春变形 | |

**F200　铸件的全部或局部形状与图样不符**

| | | | |
|---|---|---|---|
| F210 | 模样错误 | | |
| F211 | 铸件的某些部位或许多部位与图样不符，模样也不对 | 模样错误 | |
| F212 | 铸件个别部位的形状与图样不符 | 模样装配错误 | |

| 分类编号 | 特　征 | 通用名称 | 示　意　图 |
|---|---|---|---|
| F220 | 错型 | | |
| F221 | 铸件在分型面处两部分相互错开 | 错型（错箱） | 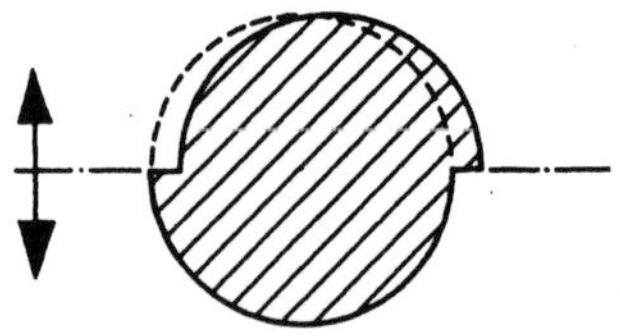 |
| F222 | 在铸件内腔中，砂芯分型面处的形状发生变化 | 错芯 | 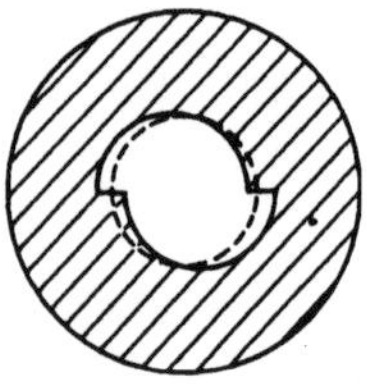 a 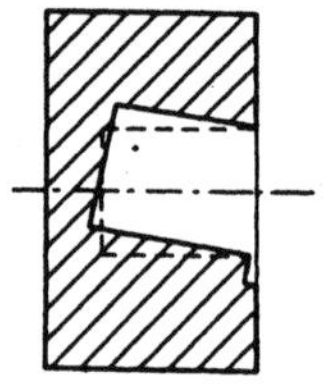 )<br><br>b ) |
| F223 | 在铸件垂直表面上，有不规则的金属凸起，通常只出现在分型面附近的一侧 | 舂移 | 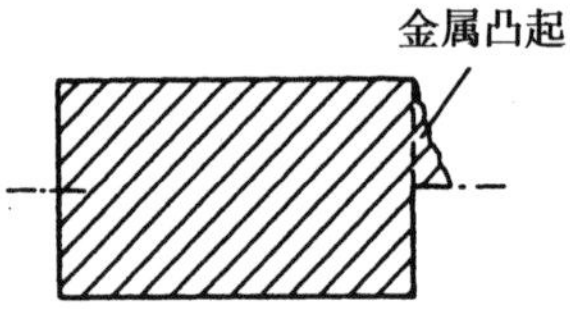 金属凸起 |
| F230 | 变形 | | |
| F231 | 铸件、砂型以及模样的形状发生如图所示的变形 | 模样变形 | 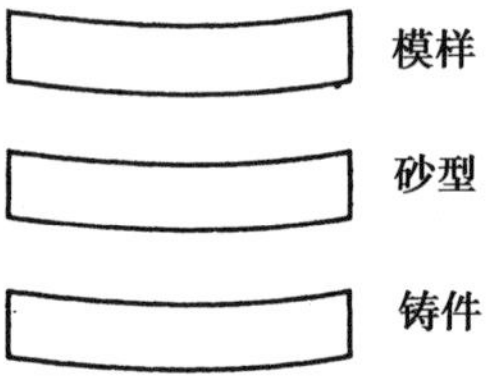 模样<br>砂型<br>铸件 |
| F232 | 铸件、砂型形状发生如图所示的变形，但模样与图样相符 | 砂型变形（砂型冲砂过度或因砂箱的原因而变形） | 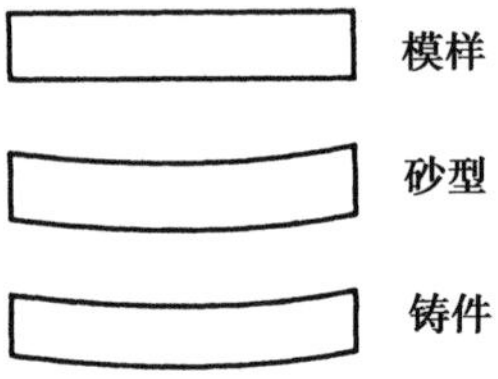 模样<br>砂型<br>铸件 |

| 分类编号 | 特 征 | 通用名称 | 示 意 图 |
|---|---|---|---|
| F233 | 铸件产生变形，然而模样、砂型与图样相符 | 铸件变形 | 模样<br>砂型<br>铸件 |
| F234 | 铸件经过存放、热处理、切削加工后发生变形，因而与图样不符 | 残余应力引起的翘曲 | |

# G. 夹杂物、材质不均匀

| 分类编号 | 特 征 | 通用名称 | 示 意 图 |
|---|---|---|---|
| G100 | **夹杂物** | | |
| G110 | 与母材的化学成分相同或不同的金属夹杂物 | | |
| G111 | 成分与母材完全不同的金属或金属间化合物夹杂物 | 金属夹杂物（异金属或金属化合物） | |
| G112 | 金属夹杂物的化学成分与铸件基本相同，夹杂物一般呈球状，表面经常有氧化膜 | 冷豆 | |
| G113 | 位于气孔或其他孔洞内的豆状金属夹杂物（或在表面凹陷处，见 A311）。渗豆的化学成分母材不同 | 磷化物渗豆 | |
| G120 | 非金属夹杂物（熔渣、浮渣以及熔剂类非金属夹杂物） | | |

| 分类编号 | 特 征 | 通用名称 | 示 意 图 |
|---|---|---|---|
| G121 | 来源于熔炼渣、精炼渣或熔剂 | 夹渣（熔渣、浮渣以及熔剂类） | |
| G122 | 非金属夹杂物内，通常还含有气体，并伴有气孔 | 含气渣孔 | |
| G130 | 非金属夹杂物（造型、制芯材料类非金属夹杂物） | | |
| G131 | 型砂夹杂物，一般靠近铸件的表面 | 砂眼 | |
| G132 | 砂型涂料夹杂物，一般靠近铸件的表面 | 涂料夹杂 | |
| G140 | 非金属夹杂物（氧化物和反应产物类非金属夹杂物） | | |
| G141 | 球墨铸铁断口表面清晰的、不规则的黑点 | 黑点（黑渣） | |
| G142 | 氧化皮夹杂物，多半造成局部的缝隙 | 氧化皮夹杂 | |
| G143 | 铸件内壁带皱褶的、发亮的石墨薄膜 | 光亮碳膜 | |

| 分类编号 | 特　征 | 通用名称 | 示　意　图 |
|---|---|---|---|
| G144 | 金属型铸造和压力铸造的铝合金铸件中有坚硬的夹杂物 | 硬点 | |

G200　**组织异常**（肉眼可见的宏观组织异常）

| 分类编号 | 特　征 | 通用名称 | 示　意　图 |
|---|---|---|---|
| G210 | 灰铸铁的宏观组织异常 | | |
| G211 | 部分或全部组织是白口，特别是薄壁、凸出的外角和棱边处。白口组织逐步向正常组织过渡 | 白口 | |
| G212 | 与 G211 相似，但白口组织和正常组织之间的界限很清晰 | 无麻口过渡区白口 | |
| G213 | 在铸件最后凝固部位有轮廓清晰的白口区，而断面的表层是灰口组织 | 反白口 | |
| G220 | 可锻铸铁件的宏观组织异常 | | |
| G221 | 可锻铸铁中出现黑点，经可锻化退火后，断口变成粗晶状，并呈灰色 | 麻口 | |
| G222 | 断口中心部呈黑色，断口的外层发亮 | 白缘 | |
| G223 | 铸件表面出现一层薄而硬的马氏体 | 局部硬点 | |

| 分类编号 | 特　征 | 通用名称 | 示　意　图 |
|---|---|---|---|
| G260 | 石墨不正常组织 | | |
| G261 | 均匀分布的粗大石墨 | 石墨粗大 | |
| G262 | 粗大的石墨，部分地结集在一起，在缩孔中出现游离的石墨 | 絮状石墨粗大 | |
| G263 | 球状石墨聚积在铸件的上表面 | 石墨漂浮 | |

## 7.9 英日汉铸造缺陷名称对照

| 英语 | 日语 | 汉语 |
|------|------|------|
| abnormal graphite | 異常黒鉛 | 异常石墨 |
| aligned graphite | 整列黒鉛 | 整列石墨 |
| alligator skin | あばた | 麻面，麻点，表面粗糙 |
| black spots | 残渣，すす欠陥 | 黑渣，残渣 |
| blacking | 塗型巻き込み | 涂料结疤 |
| blacking scab | 塗型すくわれ | 涂料结疤 |
| bleeder | 湯漏れ，しょんべん | 漏箱，跑火，跑铁液 |
| blind shrinkage | 内引け巣 | 内部缩孔 |
| blister | 型張り，ふくれ肌，ブリスタ | 胀砂，胀箱，气泡 |
| blow | 吹かれ，ブローホール，きらい，きらわれ | 气孔，气眼 |
| blowholes | 吹かれ，ブローホール，きらい，きらわれ | 气孔 |
| break-out | 湯漏れ，しょんべん | 漏箱，跑火，跑铁液 |
| breakage | 冷間割れ | 冷裂 |
| broken casting at gate | 折込み，欠け，身食い，木端，木端欠け | （切口）缺肉，浇冒口带肉 |
| broken core | 中子こわれ，中子折れ | 砂芯断裂，砂芯裂纹，砂芯损坏 |
| broken mold | 型割れ | 型裂，型裂凸起，掉砂 |
| buckle | 絞られ | 沟槽，鼠尾，严重鼠尾 |
| buckling | 反り | 翘曲，弯曲 |
| burn in | 融着，焼付き | 热粘砂，烧结粘砂 |
| burn on | 焼付き（化学的） | 化学粘砂 |
| camber | 反り（ショットブラストによる） | 翘曲，弯曲（喷丸引起） |
| carbon dross | 黒鉛ドロス | 石墨浮渣 |
| carbon flotation | カーボンフローテーション | 石墨漂浮 |
| casting defects | 鋳造欠陥，おしゃか | 铸造缺陷 |
| casting distortion | 変形，曲がり | （铸件）变形，（铸件）弯曲，翘曲 |

231

| | | |
|---|---|---|
| cavity | 巣 | 孔 |
| chaplet shut | ケレン未溶着 | 芯撑未熔合 |
| chill | チル | 白口 |
| chill crack | チルクラック | 白裂, 激冷裂纹 |
| chunky graphite | チャンキー, チャンキー黒鉛 | 细小石墨 |
| coarse structure | 腐れ, 粗しょう | 粗大枝晶, 内部缩松 |
| coarsened dendritic structure | 粗大デンドライト組織 | 粗大枝晶组织 |
| cold cracking | 冷間割れ | 冷裂 |
| cold lap（s） | 湯境, 湯回り不良, のたらず | 冷隔, 流动性差, 浇不足 |
| cold shot | たまがね, かん玉 | 冷豆, 铁豆, 铁粒 |
| cold shut | 湯境, 湯回り不良, のたらず | 冷隔, 流动性差, 浇不足 |
| cold tear | 冷間割れ | 冷裂 |
| cold tearing | 冷間亀裂, 冷間割れ | 冷裂, 低温裂纹 |
| core blow | 中子吹かれ | 芯面气孔 |
| core raise | 中子浮かされ | 漂芯, 浮芯 |
| core shift | 中子ずれ | 错芯, 偏芯, |
| core shrinkage | 中子面引け巣 | 芯面缩孔 |
| corner scab | すくわれ | 夹砂结疤, 夹砂, 起皮 |
| corner shrinkage | 隅引け | 内角缩孔 |
| crack | 割れ, 亀裂 | 裂纹, 龟裂 |
| cracked | 型割れ | 型裂, 型裂凸起 |
| cramp-off | 押込み, 押こわし | 掉砂 |
| cross-joint | はぐみ, 型ずれ | 错型, 偏模 |
| crushed core | 中子こわれ, 中子折れ | 砂芯断裂, 砂芯裂纹, 砂芯损坏 |
| crow's feet | かじり（きずあと）, すりこみ | 打磨缺肉 |
| crush | 押込み, 押こわし, 型こわれ, 型くずれ | 掉砂, 铸件挤凹, 合型压坏, 砂型压崩, |
| crush of mold | 型こわれ, 型くずれ | 合型压坏, 掉砂 |
| cut | 荒され, 洗われ, 飛ばされ | 冲砂 |

232

| cutoff | 浮かされ | 冲砂，掉砂 |
| D-type graphite | 過冷黒鉛 | 过冷石墨 |
| deformation | 変形 | 变形 |
| deformed core | 中子曲がり，中子垂れ，中子だれ | 砂芯变形，砂芯下垂 |
| deformed mold | 曲がり | 模样变形，（铸件）弯曲，翘曲，铸件变形 |
| deformed pattern | 模型不良 | 模样错误 |
| degenerated graphite | 球状化不良，CV化不良 | 球化不良，蠕墨化不良 |
| depression | 外引け | 缩坑，缩陷，敞露缩孔 |
| different thickness | 偏肉 | 壁厚不均，偏肉，单边 |
| dip coast spall | 砂詰り不良 | 春砂不良型壳剥落 |
| dispersed shrinkage | 内引け巣，多孔質巣 | 缩松，疏松，内部缩孔 |
| draw | 面引け，皿引け | 缩陷 |
| drop | 型落ち，浮かされ | 塌型，掉砂， |
| drop off | 型落ち | 塌型，掉砂 |
| drop out | 型落ち | 塌型，掉砂 |
| dross | あか，湯あか，ドロス | 浮渣，熔渣 |
| elephant skin | 象肌，象皮状湯じわ | 象皮状皱皮，象皮状表面 |
| erosion | 荒され，洗われ | 冲蚀，冲刷，冲砂 |
| excess rapping of pattern | 模型不良 | 模样松动过大 |
| excessive cleaning | 反り（ショットブラストによる） | 翘曲，喷丸过度 |
| expansion scabs | すくわれ | 夹砂结疤，夹砂，起皮 |
| exploded graphite | 爆発状黒鉛 | 爆裂状石墨，爆炸状石墨 |
| external shrinkage | 外引け | 敞露缩孔，外缩孔 |
| extruded bead | 湧出，目玉，湯玉 | 出汗，（挤出型）冷豆，铁豆，铁子 |
| exudation | 湧出，目玉，湯玉 | 出汗，（挤出型）冷豆，铁豆，铁子 |
| fall | 浮かされ | 漂芯，掉砂 |
| ferrite rim | 表面フェライト | 表面铁素体 |
| fillet scab | 逆ばり，中子ばり | 反飞翅 |

233

| | | |
|---|---|---|
| fillet shrinkage | 隅引け | 内角缩孔 |
| fillet vein | 逆ばり，中子ばり | 反飞翅 |
| finning | ベイニング，脈状絞られ | 脉纹，脉纹飞翅，鼠尾 |
| fins | 鋳ばり，ばり，ばり差し | 飞翅，披锋，飞边， |
| fissure defects | フィッシャー欠陥，<br>裂け目状欠陥 | 线状缺陷 |
| fissure like shrinkage | フィッシャー状引け | 线状缩孔 |
| floated graphite | 浮上黒鉛 | 石墨漂浮 |
| flow marks | 湯じわ，湯模様 | 流痕，液面花纹，表面皱纹 |
| floated graphite | カーボンフローテーション | 石墨漂浮 |
| fusion | 焼付き（金型） | 粘型（金属型） |
| gas hole | ブローホール | 气孔，气眼，吹砂孔 |
| gas run | 湯じわ，象肌，<br>象皮状湯じわ | 气痕，缝纹，表面皱皮 |
| gas runs | がま肌 | 气痕，泡疤 |
| graphite dross | 黒鉛ドロス | 石墨渣 |
| gravity segregation | 重力偏析 | 重力偏析 |
| hard spot | ハードスポット，硬化部 | 硬点，局部过硬 |
| heat checked die flash | ヒートチェックきず | 热裂痕 |
| heterogeneous fractured sur-<br>face | 不均一破面 | 不均匀断口 |
| hot cracking | 熱間亀裂，熱間割れ，きれ | 应力热裂，热裂 |
| hot tear | 熱間亀裂，熱間割れ，きれ | 应力热裂，热裂 |
| hot tearing | 熱間亀裂，熱間割れ | 应力热裂，热裂 |
| impression | 打こん | 压痕 |
| improper shrinkage allowance | 寸法公差外れ | 尺寸超差 |
| insert cold shut | ケレン未溶着 | 芯撑未熔合 |
| inside cut | 欠け込み（ダイカスト） | |
| internal porosity | 腐れ，粗しょう | 缩松，内部疏松 |
| internal shrinkage | 内引け巣 | 内部缩孔 |
| internal sweating | かん玉，たまがね，湯玉 | 内渗豆，铁豆，铁粒 |
| inverse chill | 逆チル | 反白口 |
| inverse mottle | 逆モットル | 反麻口 |

| | | |
|---|---|---|
| inverse segregation | 逆偏析 | 反偏析 |
| joint flash | ばり，鋳ばり | 飞翅 |
| kish | キッシュ，キッシュ黒鉛 | 石墨粗大 |
| kish graphite | キッシュ，キッシュ黒鉛 | 石墨粗大 |
| kish tracks | 黒鉛膜 | 碳膜 |
| laminations | 二重乗り | 两重皮 |
| lead sweat | なまり汗 | 铅渗豆，铅豆 |
| leakers | ざく巣，多孔質巣 | 疏松，缩松 |
| lifting | 浮かされ | 漂芯，抬箱，掉砂 |
| lustrous carbon films | 黒鉛膜 | 光亮碳膜 |
| macroscopic segregation | マクロ偏析 | 宏观偏析 |
| metal penetration | 差し込み | 机械粘砂 |
| micro shrinkage | ざく巣，多孔質巣 | 缩松，疏松，晶粒粗大型 |
| microscopic segregation | ミクロ偏析 | 微观偏析 |
| miss annealing | 焼鈍不良 | 退火不足 |
| mismatch | 食い違い，ぐいち，型ずれ，はぐみ | 错型，偏模 |
| misrun | 湯回り不良，のたらず | 浇不足，流动性差 |
| mold creep | 曲がり | （铸件）变形，（铸件）弯曲，翘曲 |
| mold crush | 押込み，押こわし | 合型压坏，铸型挤凹，砂型压崩 |
| mold drop | 型割れ，型落ち，湯もぐり | 塌型 |
| mold element | 浮かされ | 漂芯，抬箱 |
| mold sag | 型だれ | 砂型下垂 |
| mold shift | 型ずれ，はぐみ | 错型，偏模 |
| mottle | モットル，モットル部，まだら鋳鉄 | 麻口，麻口区 |
| mottled cast iron | モットル，モットル部，まだら鋳鉄 | 麻口 |
| open grain structure | 粗晶組織 | 粗晶组织，外缩孔 |
| open shrinkage | 外引け | 敞露缩孔 |
| orange peel | あばた | 麻面 |
| oxide dross | 酸化物ドロス | 氧化物熔渣 |

| oxide inclusion | 酸化物ドロス，砂かみ，巻込み | 氧化物夹渣 |
|---|---|---|
| pattern error | 模型不良 | 模样错误 |
| pearlite layer | 白縁 | 珠光体层，白缘，白边 |
| pearlitic rim | 白縁 | 白缘，珠光体层 |
| pearlite rim | パーライトリム | 白缘，珠光体层，表面珠光体 |
| penetration | 差し込み，焼付き（物理的） | 机械粘砂 |
| phosphide sweat | りん玉 | 磷化物渗豆 |
| picture frame | 白縁 | 白缘，白边 |
| pinholes | ピンホール | 针孔，气孔 |
| pitting surface | あばた | 麻面，麻点，表面粗糙 |
| plate | さし板 | 两重皮 |
| poor corrosion resistance | 耐食不良 | 耐蚀性不良 |
| poor electrical conductivity | 電気伝導率不良 | 电导率不良 |
| poor hardness | 硬さ不良 | 硬度不足 |
| poor machinability | 切削性不良 | 可加工性不良 |
| poor nodularity | 球状化不良 | 球化不良 |
| poor strength | 強度不良 | 强度不足 |
| porosity | ざく巣，多孔質巣 | 疏松，缩松 |
| porous structure | 腐れ，粗しょう | 疏松，缩松，晶粒粗大 |
| poured short | 入れ干し | 未浇满，铁液不够 |
| pull down | 照らされ，照らし | 剥落结疤，夹砂 |
| push up (push-up) | 押込み，押こわし | 挤箱，胀砂 |
| quench crack | 焼割れ | 淬火裂纹 |
| quenching crack | 焼割れ | 淬火裂纹 |
| raised cope | 浮かされ | 漂芯，抬箱 |
| raised core | 型割れ，浮かされ，中子浮かされ | 漂芯 |
| raised sand | 砂かみ，砂食い | 砂眼，夹砂 |
| ram away | ずれ，鋳込みずれ，型込めずれ | 舂移，错型，偏模 |
| ram off | ずれ，鋳込みずれ，型込めずれ | 舂移，错型，偏模 |

236

| | | |
|---|---|---|
| rat | しみつき，瘤（こぶ） | 粘砂，瘤节子 |
| rat tail | 絞られ，ベイニング，<br>脈状絞られ | 鼠尾，脉纹 |
| refractory coating inclusions | 塗型巻き込み | 涂料夹杂物 |
| residual black skin | 黒皮残り | 残留黑皮 |
| residual fin | ばり残り | 残留飞翅 |
| residual shot | ショット玉残り | 喷丸粒残留 |
| reverse chill | 逆チル | 反白口 |
| riser or vent | 身食い，折込み，欠け，<br>木端，木端欠け | （切口）缺肉，浇冒口带肉<br>端部缺肉 |
| rock candy fracture surface | ロックキャンディ破面 | 冰糖状断口 |
| rough casting | 荒肌，あれ肌 | 表面粗糙 |
| rough grain | 結晶粒粗大 | 晶粒粗大 |
| rough surface | 荒肌，あれ肌，肌あれ | 表面粗糙 |
| runout（run-out） | 湯漏れ，しょんべん | 漏箱，跑火，跑铁液 |
| sag | もたれ | 沉芯，上型下沉 |
| sag core | 中子垂れ，中子だれ | 砂芯下垂 |
| sand burning | 焼付き（化学的） | 粘砂，夹砂 |
| sand hole | 砂かみ，砂食い | 砂眼，夹砂 |
| sand inclusion | 砂かみ，砂食い，砂残り，<br>巻込み | 砂眼 |
| scab | 砂詰り不良 | 结疤，春砂不良 |
| scabs | すくわれ | 结疤，夹砂 |
| scare | 湯じわ | 凹痕，缝纹，皱皮 |
| scars | 荒肌，あれ肌，肌あれ | 表面粗糙 |
| scattered chill structure | 破断チル層 | 破碎白口，破碎激冷层 |
| seam | つぎめ | 接缝，冷隔 |
| seams | 砂かみ，酸化物ドロス，巻<br>込み，荒肌，あれ肌，肌<br>あれ，湯じわ | 夹杂物，氧化物夹渣，表面<br>粗糙，皱皮 |
| season crack | 置き割れ | 季裂 |
| season cracking | 置き割れ | 季裂 |
| sever surface roughness | 煮え，乾燥不良 | 熟痕，表面粗糙 |

| shift | 型ずれ，はぐみ，食い違い，ぐいち | 错型，偏模 |
|---|---|---|
| shifted core | 浮かされ，中子浮かされ | 错芯，漂芯 |
| shot iron | たまがね，かん玉 | 冷豆，铁豆，冷铁子，铁粒 |
| short pours | 入れ干し | 未浇满，铁液不够 |
| short run | 入れ干し，湯回り不良，のたらず | 浇不足，未浇满 |
| shrinkage | 引け，引け巣，ひけ巣 | 缩孔 |
| shrinkage cavity | 引け，引け巣，収縮巣 | 缩孔 |
| shrinkage crack | 引け割れ，収縮割れ | 缩裂 |
| shrinkage porosity | ざく巣，多孔質巣 | 疏松，缩松 |
| sink marks | 外引け，面引け，皿引け | 缩陷，外缩陷，敞露缩孔 |
| skins | 砂かみ，酸化物ドロス，巻込み | 表面夹杂，砂眼，夹渣 |
| slag blowholes | のろかみ，のろ食い | 渣孔，夹渣 |
| slag inclusion | のろかみ，のろ食い | 夹渣 |
| sludge | スラッジ | 沉淀物 |
| solute segregation | 溶質偏析 | 溶质偏析 |
| spalling scab | 照らされ，照らし | 剥落结疤，夹砂，起夹子 |
| spiky fractured surface | スパイキー破面 | 尖钉状断口 |
| sponge | スポンジ（アルミニウム鋳物） | 海绵铝 |
| sticker | しみつき，瘤（こぶ） | 粘着，瘤，节子 |
| | 湯もぐり | 漏芯 |
| | 型落ち | 塌型，掉砂 |
| stripping | はかれ，めくれ | 起皮 |
| suck-in | 面引け，皿引け | 缩陷 |
| sulfide dross | 硫化物ドロス | 硫化物熔渣 |
| surface fold | 湯じわ，象肌，象皮状湯じわ，がま肌 | 皱皮，缝纹，象皮状皱皮 |
| surface or subsurface blow hole | ふくれ肌，ブリスタ | 泡疤，表面气孔，皮下气孔 |
| sweating | 汗，汗玉，汗ばみ | 外渗物，冒汗，汗珠 |

238

| | | |
|---|---|---|
| swell | 型張り，ふくれ肌，ブリスタ | 胀砂，泡疤，胀箱 |
| swelling | 張り気 | 胀砂，胀箱 |
| tin sweat | すず玉，すず汗，錫あせ | 锡豆，锡汗 |
| too high or low hardness | 硬さ不良 | 硬度不良 |
| torn surface | むしれ | 麻点 |
| undercooled graphite | 過冷黒鉛 | 过冷石墨 |
| unfused chaplet | ケレン未溶着 | 芯撑未熔合 |
| veining | ベイニング，脈状絞られ | 脉纹，鼠尾，脉纹飞翅 |
| warpage | 反り | 翘曲，弯曲 |
| warped casting | 鋳ひずみ，変形，曲がり | （铸件）变形，（铸件）弯曲 |
| warping | 反り | 翘曲，弯曲 |
| wash | 荒され，洗われ | 冲砂，冲刷 |
| wash erosion | 塗型はがれ，塗型飛ばされ | 冲蚀 |
| wash scabs | 塗型すくわれ | 涂料结疤，涂料夹灰 |
| wave | ウエーブ（ダイカスト） | 波纹 |
| Widmannstätten ferrite | ウィドマンフェライト | 铁素体魏氏组织 |
| Widmannstätten graphite | ウィドマンステッテン黒鉛 | 石墨魏氏组织 |
| Widmannstätten structure | ウィドマンステッテン・ストラクチユア | 魏氏组织 |
| wrong size | 寸法不良 | 尺寸错误，尺寸不合格 |
| zinc infiltration into refractory | 炉壁への亜鉛蒸気の浸透 | 锌蒸气向炉壁渗透 |
| zinc intergranular corrosion | 亜鉛粒界腐食 | 锌晶界腐蚀 |

## 8. 索　引

括号内的页码为5（缺陷名称和分类）中的页码，没有括号的是6（铸造缺陷及其对策实例）和7（解说）中的页码。

242

244

# 附　录

## 铸铁、铸铝材料中、日牌号对照表

| 材　料 | 日本牌号（JIS） | 中国牌号（GB） | 材　料 | 日本牌号（JIS） | 中国牌号（GB） |
|---|---|---|---|---|---|
| 灰铸铁 | FC 100 | HT 100 | 铝合金 | AC 2A | ZL 107 |
|  | FC 150 | HT 150 |  | AC4CH | ZL101A |
|  | FC 200 | HT 200 |  | AC8A | ZL109 |
|  | FC 250 | HT 250 |  | AC2B | ZL107 |
|  | FC 300 | HT 300 |  | ADC10 | YL112 |
| 球墨铸铁 | FCD 400 | QT 400-15 |  | ADC12 | YL113 |
|  |  | QT 400-18 |  |  |  |
|  | FCD 450 | QT 450-10 |  |  |  |
|  | FCD 500 | QT 500-7 |  |  |  |
|  | FCD 600 | QT 600-3 |  |  |  |
|  | FCD 700 | QT 700-2 |  |  |  |
|  | FCD 800 | QT 800-2 |  |  |  |
| 黑心可锻铸铁 | FCMB27-05 | KTH300-06 |  |  |  |